Product Research Rules

プロダクトリサーチ・ルールズ

製品開発を
成功させるリサーチと
9つのルール

Nine Foundational Rules for Product Teams
to Run Accurate Research
that Delivers Actionable Insight

[著] アラス・ビルゲン
C.トッド・ロンバード
マイケル・コナーズ
[翻訳] 角 征典

BNN
Bbng/Nnwrk Network

目　次

第 **1** 章

Rule 1.
恐れることなく間違える準備をする ····················· 31

第 **2** 章

Rule 2.
誰もがみんなバイアスを持っている ····················· 49

第 **3** 章 **Rule 3.**
優れたインサイトは問いから始まる 71

第 **6** 章　**Rule 6.**
会話ではうまくいかないときもある ⸻⸻⸻ 177

第 **7** 章　**Rule 7.**
チームで分析すれば共に成長できる ⸻⸻⸻ 207

序文

—— Teresa Torres、2020年

　プロダクトディスカバリーのプラクティスが成熟したことで、リサーチャーたちはエビデンスに基づいた意思決定を重視するようになりました。プロダクトチームが目指しているのは「顧客中心」「データインフォームド」「仮説駆動」です。彼らは意思決定のインプットを手に入れるために、顧客インタビュー、プロトタイプテスト、行動分析などの厳密な手法を導入して、顧客を理解しようとしています。また、スプリットテスト、トラクション指標の監視、長期のコホート追跡などの測定技術に投資して、プロダクトのインパクトを理解しようとしています。

　このような新しいリサーチ手法の人気が高まる一方、プロダクトチームがリサーチから得られる価値には違いがあることもわかってきました。本格的なリサーチの教育を受けたメンバーがいるチームはほとんどありません。リサーチ手法のことを深く理解しないまま、ブログやカンファレンスで見聞きしたベストプラクティスに従っているだけのチームをよく目にします。科学的思考ができると思い、テスティングツールに過剰に依存しているチームもあります。ほとんどのチームは、タスクに適したリサーチ手法を選択せずに、既存のレシピに従っているだけなのです。

　ユーザーリサーチ、データサイエンス、BI（ビジネスインテリジェンス）などのチームからサポートを受けているプロダクトチームもあります。あるいは、専門チームにリサーチを依頼して、結果をレポートで受け取っているところもあります。しかし、レポートに基づいて行動するのは難しいでしょ

う。なぜなら、リズムが違うからです。専門チームは、他にも多くのチームをサポートしていることが多く、処理能力も限られています。プロダクトチームは、うまくいったこと、うまくいかなかったことを学びながら、週単位で変化させる必要があります。また、専門チームがプロダクトチームにアドバイスしているところもあります。専門チームに処理能力が残っていればうまくいくはずですが、残念ながらうまくいかないことがほとんどのようです。

　クロスファンクショナルで、権限を与えられた自律的なプロダクトチームであっても、リサーチスキルがなければ成功できません。ほとんどの企業はリソースが限られていて、リサーチスキルを持つ人材を雇うことはできません。つまり、既存のプロダクトチームのリサーチスキルをレベルアップさせ、実験のマインドセットを身に付ける方法が必要です。意欲的な人には投資して、リサーチスキルを身に付けさせるべきです。本書がそのスタート地点になるでしょう。

はじめに

　プロダクトリサーチは難しくありません。時間もお金も必要ありません。科学者や研究者が担当する必要もありません。早く・安く・簡単に、チーム全員ができるものです。ルールを覚えて、リサーチのマインドセットを身に付けるだけです。

　私たちの旅はある問いから始まりました。

　「この業界は何十年もデジタルプロダクトを作り続けているのに、どうしていまだにチームはプロダクトを失敗させているのか？」

　信頼できそうな答えが記事に書かれています。近視眼的である、市場フィットが欠如している、差別化ができていない、フォーカスが定まっていない、キャズムを超えることができていない、否定的なレビューが多すぎる、などです。しかし、その根底にあるのは「顧客のニーズを理解できていない」という問題です。

　チームが顧客を理解するには、市場調査とユーザーリサーチが必要です。**市場調査**とは、プロダクトやサービスの市場の情報を収集・分析することです。市場や業界全体の特性、消費傾向、場所、ニーズなどを対象にします。**ユーザーリサーチ**とは、ユーザーの目的、ニーズ、動機を人間中心の手法を使って明らかにすることです。

　この市場調査とユーザーリサーチによって、優れたインサイトを生み出す

ことができます。ただし、インサイトは「適切なタイミング」で生み出す必要があります。リサーチが一握りの人たちだけが行う不定期なプロジェクトだとしたら、その結果をプロダクト開発に反映できません。そのようなことをしていると、不満がたまり、市場をうまく理解できず、ユーザーを無視したプロダクトができあがってしまいます。

質的リサーチには具体的な「数字」がないので、貴重なデータが見逃されることがあります。数字は重要ですが、すべてが数字ではありません[1]。残念なことに、経営陣の多くが質的リサーチの扱い方を知りません。自分たちにとって意味のあるもの、つまり「数字」に頼っています。プロダクトリサーチでは、インサイトにつながる物語、逸話、観測結果が、数字と同じくらい重要であると認識することが大切です。

プロダクトリサーチとは、ユーザーリサーチ、市場調査、プロダクトアナリティクスを活用しながら、プロダクトチームが適切なタイミングで継続的にインサイトを手に入れるためのアプローチです（図1参照）。

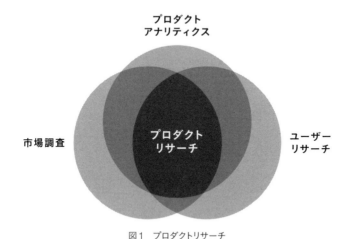

図1　プロダクトリサーチ

1　Adi Ignatius, "The Tyranny of Numbers," Harvard Business Review (September–October 2019), https://hbr.org/2019/09/the-tyranny-of-numbers.

良質なデータがなければ、出てきた結論やインサイトで迷走することになるでしょう。ここでは、上記の3つのインプットの点と点を結び付け、プロダクトづくりに役立つ優れたインサイトを手に入れる方法を紹介します。

　プロダクトリサーチは時間やリソースのムダだと考える人がいます。あなたがそういう人なら大歓迎です。おそらくリサーチのやり方が悪く、結果に一貫性がないため、本物のインサイトを手に入れていないのでしょう。

　プロダクトリサーチでは、市場調査とユーザーリサーチを利用して、ユーザーのためのプロダクトを理解します。プロダクトリサーチでは、プロダクトアナリティクスを利用してリサーチクエスチョンを作り、行動のエビデンスからユーザーを理解します。プロダクトリサーチでは、市場の存在を確認しながら、結果を解釈して次の行動を提案するときには、市場のダイナミクスを考慮します。

　プロダクトリサーチは、アンケートを実施したり、ユーザーに話を聞いたり、分析したりするだけではありません。プロダクトリサーチには、マインドセットの変化が必要です。つまり、先入観を疑う新しい考え方が必要です。私たちは、偏見、エゴ、意図を持っていて、ユーザーからインサイトを手に入れることを妨げています。プロダクトリサーチのアプローチは、こうした課題に正面から取り組むものです。

リサーチをしない言い訳

　企業がリサーチをしない理由を考えてみましょう。これらはよくある言い訳で、あなたも過去に使ったことがあるかもしれません。私たちも使ったことがあります。

● 時間がかかるから

　　プロダクトリサーチにはさまざまな手法があります。たとえば、多国間のエスノグラフィック調査には膨大な時間がかかります。しかし、数週

間、数日間、数時間で終わる手法もたくさんあります。インサイトを発見するために、数か月もかける必要はありません。本書では、知りたいことをすばやく発見する方法を紹介します。

● 予算がないから

リサーチのニーズの多くは、予算をかけず、品質に妥協することなく、反復的に取り組めば実現できます。しかし、顧客ニーズを理解していなければ、費用を伴う遅延、金銭的なパフォーマンスの低下、コストのかかる再デザインが発生します。「プロダクトを再デザインする予算はあるか?」と自問してみましょう。予算がないのであれば、プロダクトリサーチから目を背けるべきではありません。

● ユーザーのニーズは決まっているから

時間をかけて自分たちの作りたいものを話し合い、ユーザーのニーズを決めてしまうチームがあります。つまり、ニーズ、現在の行動、動機をユーザーから聞かずに、勝手に決めているのです。チームでアイデアを話し合うのは素晴らしいことです。しかし、そこにユーザーがいなければ、リサーチの代わりにはなりません。

● リサーチャーではないから

誰もが生まれながらにリサーチャーではありません。私たちもリサーチャーではありませんでした。リサーチは他のスキルと同様に、学習可能なスキルです。適切なマインドセットと基本的な手法を身に付ければ、ユーザーとやり取りをして、データを理解し、インサイトを手に入れることができます。本書で紹介しているルールがプロダクトリサーチを実施する手引きとなれば幸いです。

● 新規のプロダクトだから

新規のプロジェクトにチームは興奮しています。似たようなプロダクトが存在しないのに、ユーザーリサーチなどできるのでしょうか。ユーザーからフィードバックを手に入れる方法は常に存在します。プロダクトを作ってからユーザーに会うほうがリスクは高まります。早い段階で

フィードバックを手に入れ、継続的に修正を加えていくことで、優れた
プロダクトが生み出されるのです。

● 小さな変更だから

プロダクトに小さな変更を加えるだけなら、リサーチは不要なのでしょ
うか。小さな変更も時間をかけて集めていけば、いずれ大きな変化にな
ります。小さな変更をプロダクトに反映できる組織は素晴らしいです。
ただし、小さな変更であってもユーザーに新たな体験を提供しているこ
とに変わりはありません。つまり、小さな変更でもリサーチは可能です
し、リサーチで検証すべきでしょう。

● すぐに機能が必要だから

アジャイル開発、リーン手法、DevOpsのおかげで、以前よりも動作す
るソフトウェアを簡単に構築できるようになりました。市場に投入する
までの時間が高速化された現代では、デリバリーしてから考えるほうが
自然のように思えます。しかし、高速に機能をリリースしていると、高
速にユーザーに影響を与えてしまいます。プロダクトリサーチも現代的
なITデリバリーの状況を認識しています。本書で紹介する手法は、ア
ジャイルなどの開発手法と同時に使用できます。アジャイルとプロダク
トリサーチについては、第9章で説明します。

● 適切な時期ではないから

適切「ではない」時期はありません。リサーチは複数のカテゴリーに分
類されます。各カテゴリーは、問いの種類とステージを表しています（第
4章で詳しく説明します）。答えるべき問いに対して、プロジェクトの
スケジュールを変更することなく、さまざまなリサーチ手法を選択でき
るのです。

● テストできるユーザーが少ないから

それほど多くのユーザーは必要ありません。量的手法の経験者からする
と、デタラメなことを言っているように思えるかもしれません。「統計
的有意性はどうなるんだ？」という声が聞こえてきそうです。質的リ

サーチでは、たとえ統計的有意性がなくても、観測対象の本質や情報が引き出せていれば妥当とされます。ユーザーがわずか5〜10人であっても、アイデアが響くかどうかを確認できる手法はいくつもあります。

● **すでにデータが十分にあるから**

データはプロダクトリサーチの出発点です（第3章参照）。しかし、Google Analytics、Omniture、Mixpanel、Appsee などの測定システムは、ユーザーが**何を**しているのかを理解するには向いていますが、**なぜ**そうしているのかまでは教えてくれません。確かなインサイトを手に入れるには、測定システムから得られたユーザーの行動と、質的リサーチから得られた結果を組み合わせる必要があります。

● **パイロット版で学習できるから**

パイロット版やベータ版は、ユーザーからフィードバックを集められる優れた機会です。しかし、ローンチしたプロダクトを修正するコストは高く、せっかく見つけたアーリーアダプターを怒らせてしまうリスクがあります。プロダクト開発のサイクルのなかでプロダクトリサーチを実施すれば、プロダクトを修正できる時期に、はるかに低いコストで、パイロット版と同様のフィードバックを手に入れることができます。

リサーチをしないと大変な思いをします。2011年に最も人気があり、最も楽しいソーシャルネットワークになることを目指したスタートアップColorの話をしましょう。Colorのチームはビジョンを強く信じていました。資金が集まったので、プロダクトの開発を始めました。しかし、当時のソーシャルネットワークの使いやすさ、コンテンツの豊富さ、シンプルさを見落としていました。その結果、成長が鈍化して、最終的には閉鎖することになりました。創業者の Bill Nguyen はこう言っています。

私たちはもっと優れたFacebookを作ろうと考えていました。しかし、30分

もしないうちに「**ああ、壊れている**」と気づいてしまったのです*2。

　彼らのサービスが優れているという想定は間違っていました。修正するにも遅すぎました。後の祭りですが、もっと早い段階でユーザーの反応を見ていたら、警告サインが出ていたでしょうし、チームが調整できる時間も残されていたでしょう。

　プロダクトリサーチのスキルは学習できます。適切なトレーニングを受けて、適切なマインドセットを身に付ければ、誰でもプロダクトリサーチができます。計画をうまく立てれば、コストもほとんどかかりません。プロダクトリサーチは数か月ではなく、数日で結果が出るものです。つまり、既存のプラクティスに組み込むことが可能なのです。プロダクトリサーチが簡単になれば、それが習慣化されます。そして、優れたプロダクトと、プロダクトを構築する幸せで熱心なチームができるのです。

リサーチャーではない！

学位や資格を持っていなくても、顧客と話をして、顧客のニーズに合ったソリューションを考えることはできます。これから、Cansu と Julio の 2 人と、Kloia に所属するギークたちを紹介しましょう。

Cansu
Cansu は Garanti BBVA のシニアビジネスアナリストです。彼女はビジネスプロセスをデジタル化するプロセスデベロップメントチームで働いています。インダストリアルエンジニアリングの学位は持っていますが、大学でリサーチの講義は受けていません。人間工学の講義でユーザーの重要性については学びましたが、実際のユーザーをリサーチした経験は

---

2 Danielle Sacks, "Bill Nguyen: The Boy in the Bubble," Fast Company (October 19, 2011), https://www. fastcompany.com/1784823/bill-nguyen-the-boy-in-the-bubble.

　　　　　　　　　　　　　　　　　　　　　　　はじめに

ありません。

彼女は大きな再デザインの会議のことを今でも覚えています。全員でシステムのアイデアを提案する会議でした。そこでCansuは、誰もユーザーの問題を把握していないことに気づきました。その後、彼女はユーザーと話をして、多くのことを学びました。デザイナーやリサーチャーと協力して、ユーザーと話をするスキルを向上させました。

彼女は、5年間で100人以上、約200時間かけて対面でユーザーと話をしました。他のオフィスにいる人たちと話をすることもあり、出張も増えました。

Julio
ボストン大学4年生のJulioは、C.トッドの会社のインターンでした。リサーチ手法の経験はありませんでしたが、顧客にインタビューして、プロダクトの要求としてまとめる仕事をしてくれました。仕事は完璧にできたのでしょうか。そんなはずはありません。しかし、他のチームに聞くと、かなりうまくやれていたようです。彼も多くのことを学びました。最終日には、顧客と話をしてインサイトを得られたことが、インターンの最大の学びだったと話してくれました。彼にできたなら、あなたにもできるはずです！

Kloia
Kloiaは、DevOps、クラウド、マイクロサービスを専門とした小さなコンサルティング会社です。超ギークなコンサルタントが30人以上働いています。IT業界でありながら、顧客のニーズを理解するために基本的なリサーチスキルを使っています。創業者のDerya Sezenは、以下のように説明しています。

> 弊社の顧客の多くは、ちょっとした変更で問題を解決できると思っているのか、簡単なITツールの導入プロジェクトを依頼してきます。ですが、最初の打ち合わせで話を聞いてみると、結構大きな問題を抱え

ていることがわかります。顧客が言葉にできなくても、私たちはデザイン手法を用いて根本的な問題の理解に努めています。

Kloiaでは、2018年からリサーチ手法を使ってITプロジェクトの計画を立てているそうです。IT技術を強制したりツールを選択したりするのではなく、人間のニーズから考えることで、技術的な変革を数多く成功させています[3]。

プロダクトリサーチはいつやるのか？

　いつでもできます！　プロダクト開発のすべてのステージでプロダクトリサーチは可能です。むしろやるべきです。プロダクト開発では、それぞれのタイミングで異なることを学ぶ必要があるからです。ここでは、プロダクト開発をできるだけ単純化して、3つのステージで構成されたプロセスとして説明します。

　ステージ1：市場におけるプロダクトや機能の価値を探索する段階です。この段階では、幅広いコンテクストのなかで深いニーズを発見します。多くの場合、まだ何かを作るという計画はなく、よいアイデアかどうかを見極めようとしています。このステージでは、問題空間を理解します。「問題を適切に理解しているか？」「適切なソリューションを検討しているか？」「理解した問題に対して適切なソリューションを構築しようとしているか？」

　ステージ2：プロダクトや機能を開発する段階です。この段階では、リサーチによって軌道を修正し、アプローチが適切かどうかを評価します。

---

3 さらに詳しく知りたければ、Agile Allianceの事例レポートを参照してください。"Using Design Methods to Establish Healthy DevOps Practices," https://www.agilealliance.org/resources/experience-reports/using-design-methods-to-establish-healthy-devops-practices.

その結果を踏まえて、代替案を検討することもあります。「取り組んでいる問題に苦労しているのはなぜか？」「最初に考えていた想定はまだ正しいか？」「ソリューションを適切に構築しているか？」

ステージ3：プロダクトや機能をリリースしたあとの段階、あるいは既存の機能を改良している段階です。このステージでは、リサーチによってユーザーの行動の変化を観察します。想定していたことをユーザーに直接確認します。また、プロダクトやサービスによって、どのようにニーズが変化したかを確認します。

プロダクトリサーチに慣れていない人は不安になったかもしれません。多忙なプロダクト担当者からは「コーヒーを飲む時間もないのに、どうやってリサーチの時間を確保するんだ？」という声が聞こえてきそうです。本書では、さまざまな規模や予算の事例を引き合いに出しながら、それが可能であることを説明します。

基盤となるさまざまなリサーチ分野

プロダクトリサーチは、「ユーザーリサーチ」「市場調査」「プロダクトアナリティクス」で構成されています。これらには共通点もありますが、それぞれ注目している部分が異なります。各リサーチ分野の下には、特定のリサーチに特化したサブ分野があります。ここでは、プロダクトリサーチの基盤となる各分野を紹介します。

ユーザーリサーチ

ユーザーリサーチとは、プロダクトを使用するユーザーの行動や状況を調査するものです。実際の人間を対象にして、動機・行動・ニーズを理解します。その人がどのようにプロダクトを使っているのか、プロダクトを使っている途中や前後に何が起きているかを理解することが目的です。

ユーザーリサーチは「生成的」「記述的」「評価的」の3つに分類できます*4。

生成的ユーザーリサーチ

ユーザーの行動・思考・認識からニーズや要望を深く理解することを目的とします。プロダクト開発の初期段階で、問題や可能性を探ります。細かな意味合いをユーザーから直接学ぶため、リサーチャーが参加者〔訳注：リサーチに協力してくれる人を「participants」と呼びます。リサーチの種類や分野によって「実験参加者」「調査対象者」「研究協力者」などの訳語がありますが、本書では「参加者」で統一します〕と一緒に長い時間を過ごす、エスノグラフィーやコンテクスチュアルインタビューなどの手法を使います。

記述的ユーザーリサーチ

対象物の機能を明らかにしたり、現象を詳細に記述したりすることを目的とします。問題がどのように発生しているかをチームで理解するのに役立ちます。インタビュー、コンテクスチュアルインタビュー、日記調査などの手法を使います。

評価的ユーザーリサーチ

対象物を既知の基準で評価することを目的とします。取り組んでいる問題をソリューションが解決しているかどうかを確認するためにも使います。デジタルプロダクトやプロトタイプが手元にある場合は、ユーザビリティ調査やA/Bテストなどの評価手法を使います。

市場調査

市場調査とは、人々が何を求めているかのデータを収集し、データを分析

---

4 さまざまなアプローチの概要は、Erika Hall『Just Enough Research』(A Book Apart) に記載されています。

して、戦略、プロセス、オペレーション、成長などの意思決定に役立てるものです。市場調査の結果は、企業が何をすべきか、どこにフォーカスすべきかを決定します。

市場調査は「探索的」「記述的」「因果的」「予測的」の4つに分類できます。

探索的市場調査

問題に未知の部分が多いときに使用します。新規または既存のプロダクトの成長の道筋を明らかにします。社内外の二次データ、観察調査、専門家の意見、ユーザーのフィードバックなどを使います。

記述的市場調査

対象物がどのように発生しており、どのくらい頻繁に、どのように相互に関連しているかを調べることを目的とします。インタビューやアンケート調査を使います。

因果的市場調査

変数間の因果関係を明らかにします。統計的手法や大規模なデータセットを使うため、厳密さが求められます。

予測的市場調査

特定の市場変数を予測します。ユーザーがいつ何を欲しがるのかを予測した結果が、今後の売上、成長、開発に影響を与えます。

プロダクトアナリティクス

プロダクトアナリティクスとは、ユーザーが残したデータから、プロダクトをどのように使っているかを発見するものです。ユーザーの行動に関する

問いを持っていれば、その答えを見つけるときにも使えます。また、そうした問いを明文化したり、改良したりするときにも使えます（第3章で詳しく説明します）。

　プロダクトアナリティクスは「記述的」「診断的」「予測的」「処方的」の4つに分類できます。「記述的」と「診断的」は、ほとんどのプロダクトアナリティクスで使用します（第7章で詳しく説明します）。

記述的アナリティクス

　ダウンロード数やサイトを離脱したユーザーの割合など、データからわかることを記述します。発生したことを数値で示したものです。

診断的アナリティクス

　何かが発生した理由を発見します。データディスカバリー、ドリルダウン、データマイニング、相関分析などの手法を使います。

予測的アナリティクス

　過去に発生したことに基づき、将来何が発生するかを示します。手元にあるデータと統計的手法（や機械学習）を用いて、ユーザーの行動を予測します。

処方的アナリティクス

　既知の情報とユーザーの行動予測に基づき、次に取るべき行動を示します。予測的アナリティクスがベースにありますが、それよりも高度なものとなっています。

　以上のように、リサーチャーが選択できるアプローチには多くのバリエーションがあります。では、どれが適切なのでしょうか。第4章では、あなた

が学びたいことから、適切なリサーチの種類と手法を選択する方法を説明します。

プロダクトリサーチのルール

　本書はプロダクトリサーチの世界における長年の経験をもとに執筆したものです。私たちには、プロダクトリサーチを効果的で楽しいものにするパターンが見えました。そして、これらのパターンをどのようなチームでも使えるようにレシピとしてまとめたいと考えました。しかし、プロダクト、サービス、ビジネスモデル、市場、ターゲット、チームメンバーのスキルなど、あらゆることを網羅しようとすると、レシピの数が膨大になってしまいます。また、リサーチ手法もチームによって違います。優れたインサイトを手に入れるには、量的手法と質的手法を組み合わせる必要がありますが、すべての手法の組み合わせを説明しようとすると、本ではなく百科事典になってしまいます。仮にレシピを作れたとしても、あなたの状況を正確に把握することはできないので、（多少は使えるかもしれませんが）ぴったり当てはまるレシピにはなりません。

　そこで私たちは、パターンからレシピを作るのではなく、ガイドとなるルールを抽出することにしました。そのほうが適用しやすく、みなさんのワークフローに合わせて自由に変更できると思ったからです。また、ルールの有効性を裏付けるために、これらのルールを適用したさまざまなチームの事例を追加しました。

　ガイドとなるルールは9つあります。

●ルール1：恐れることなく間違える準備をする
　誰もが自分たちのアイデアを、成功する、楽しめる、有名なプロダクトに変えたいと思っています。しかし、ほとんどのアイデアはひどいものです。最悪なものもあるでしょう。さらに、これまで素晴らしいと思っていたアイデアが、プロダクトリサーチによってそれほどでもなかった

ことが判明したりします。思っていた以上に何度も間違えることになりますが、間違っていても別に構わないと思いましょう。オープンマインドを持って、ユーザーから学びましょう。

●ルール2：誰もがみんなバイアスを持っている

私たちは人間です。人間はバイアスを持っています。バイアスは、話をするとき、考えるとき、考えを共有するときに登場し、ひどく間違った結論を導きます。バイアスを完全になくすことはできませんが、バイアスを認識し向き合うことはできます。

●ルール3：優れたインサイトは問いから始まる

普段から「まずはアンケートだ！」「ペルソナが必要だ！」などと言っているなら、このルールはあなたにこそ必要です。優れたリサーチは、手法や作成物からではなく、問いから始まります。リサーチクエスチョンは、手元にあるデータ（すでに知っていること）から生まれます。優れたインサイトを手に入れるには、単一で明確なバイアスのかかっていないリサーチクエスチョンが必要です。

●ルール4：計画があればリサーチはうまくいく

これまでにリサーチの経験がなければ、準備時間に比べて参加者と過ごす時間が短いことに驚くことでしょう。手法の選択、参加者の選定、フィールドガイド、プロトコル、コミュニケーション計画の準備には時間がかかります。ただし、こうした投資はセッション〔訳注：ユーザーインタビューやユーザビリティ調査が実施される場のことを「セッション」と呼びます〕や分析の段階で回収できます。

●ルール5：インタビューは基本的スキルである

私たちはほとんどのリサーチにおいて、人と話をしています。インタビューはすべてのリサーチ手法の基本です。インタビューのテクニックが向上すれば、参加者との強い絆が生まれ、そこから個人的で豊かな学びが得られるでしょう。

　　　　　　　　　　　　　　　　　　　　　　　　　　　　　はじめに

●ルール６：会話ではうまくいかないときもある

シンプルな会話だけでも学びは得られますが、深いインサイトを発見するには、その他のテクニックも必要になります。もちろんアナリティクスや量的データ分析も使いますが、それ以外にも、参加者と一緒に作業をしたり、参加者にタスクを実行してもらったりする質的手法も使います。こうすることで、インタビューだけでは得られなかったインサイトが明らかになります。

●ルール７：チームで分析すれば共に成長できる

リサーチ結果に対して同意を求めるときは、ステークホルダーを巻き込んだ分析から始めるといいでしょう。常に可能であるとは限りませんが、分析にステークホルダーを巻き込むことで、リサーチ結果を受け入れてもらいやすくなります。また、こちらのほうが重要ですが、結果を行動につなげてもらいやすくなります。

●ルール８：インサイトは共有すべきものである

誰も読まないレポートにインサイトが書かれていたら、プロダクトに取り込まれるでしょうか。インサイトの共有方法はいくつかあります。インサイトが定着するように共有する方法を紹介します。

●ルール９：リサーチの習慣がプロダクトを作る

リサーチは一度限りではありません。プロダクトリサーチを取り入れているチームは、定期的にインサイトを明らかにするだけでなく、そのインサイトからプロダクトをすばやく作り上げ、さらに改良したプロダクトを生み出しています。

　プロダクトチームに役立つ９つのルールを紹介しました。これらのルールは、チームの規模、予算、プロジェクトの種類に関係なく使えます。ただし、ルールは破られるものです。私たちも意図せずに、あるいは意図的に、ルールを破ってきました。しかし、プロダクトリサーチのガイドを理解すれば、人々が使いたいと思えるプロダクトを作れるはずです。そうすれば、ルールの例外を見つけることもできるでしょう。

それでは、始めましょう。

謝辞

以下のみなさんに感謝します。

Adaora Spectra Asala	Levent Atan
Adrian Howard	Lily Smith
Alex Purwanto	Loui Vongphrachanh
Alper Gökalp	Martin Eriksson
Andrea Saez	Matt LeMay
Aylin Tokuç	Melissa Perri
Becky White	Michael Zarro
Beril Karabulut	Mona Patel
Berk Çebi	Murat Erdoğan
Bruce McCarthy	Mustafa Dalcı
Cat Smalls	Nilay Ocak
Chris Skeels	Orkun Buran
Dan Berlin	Özge Atçı
Dan Rothstein	Özlem Mis
Daniel Elizalde	Pablo Gil Torres
Dilek Dalda	Pelin Kenez
Doğa Aytuna	Pınar Yumruktepe
Emre Ertan	Randy Silver
Erde Hushgerry-Aur	Rıfat Ordulu
Erman Emincik	Rob Manzano
Esin Işık	Roger Maranan
Evren Akar	Sercan Er
Fernando Oliveira	Shirin Shahin
Gabriela Bufrem	Sophie Bradshaw（編集者）
Gökhan Besen	Steve Portigal
Gregg Bernstein	Şüheyda Oğan
Hope Gurion	Takahiro Kuramoto
Janna Bastow	Theresa Torres
Jofish Kaye	Thomas Carpenter
Kate Towsey	Tim Herbig
Kayla Geer	Yakup Bayrak
Lan Guo	Yasemin Efe Yalçın

● アラス・ビルゲン

数年前、Ercan Altuğ と Adnan Ertemel が本のアイデアを植え付け、C. トッドが火をつけてくれました。彼らの励ましとサポートがなければ、私はブログの記事をまとめるくらいしかできなかったでしょう。

本書のプラクティスにつながる教訓を教えてくれたみなさんに感謝します。私の素晴らしいマネージャーたち（Jenny Dunlop、Chris Liu、Darrell LeBlanc、Fatih Bektaşoğlu、Eray Kaya、Hüsnü Erel）に感謝します。刺激を与えてくれた教授陣（David Davenport、Paul Dourish、Gregory Abowd、Nancy Nersessian、Wendy Newstetter、Keith Edwards）に感謝します。驚異的なビジネスマンの İşbecer 兄弟に感謝します。プロジェクトをサポートしてくれた Kloia と Expertera のみなさんに感謝します。

親愛なる Zip へ。あなたの愛、思慮、歓喜に満ちあふれた無限のサポートに感謝します。私たちの生活にかわいらしい「よだれ」をもたらしてくれた Derin に感謝します。あなたのお母さんがあなたにしてあげていたことは、いつか誰かが本に書いても信じられないかもしれませんね。

● C.トッド・ロンバード

はじめての人と共著することと、同じ人と共著することは別ものです。マイケル・コナーズ、あなたはロックスターです。新たな冒険に参加させてくれてありがとう。アラス、あなたのおかげでアイデアがまとまり、本にすることができました。2人と一緒に旅をしたことで、私は成長できました。

友人や家族に感謝します。「週末までにこの章を書き終わらなきゃいけないんだ」という言葉に何度も我慢してくれてありがとう。このような本を書くインスピレーションを与えてくれた、プロダクトマネジメントのコミュニティのみなさんに感謝します。これからもプロダクトマネジメントの世界を前進させていきましょう。世界をよりよい場所にするプロダクトを作っていきましょう。ありがとう！

● マイケル・コナーズ

本書に協力してくれたみなさんと仕事ができてよかったです。私を参加させてくれたC.トッドとアラスに感謝します。このプロジェクトで交わされた会話や共同作業は、本当に興味深く楽しいものでした。これまでに出会ったなかで、2人は最も楽観的で思いやりのある人たちでした！　O'Reillyのチームのガイドと協力にも感謝しています。彼らは本物のプロでした。これまでに一緒に仕事をしてきたデザイナー、開発者、その他のプロジェクト協力者、それからデザインのコミュニティのみなさんにも感謝します。みなさんのおかげで、本書のコンセプトを作ることができました。

あなたは顧客が必要とするプロダクト、
機能、サービスを把握できていますか？

第 1 章

Rule 1.

恐れることなく
間違える準備をする

　筆者の一人であるC.トッドは、数年前にバイオテックのスタートアップ
で働いていました。その会社は、学術研究所、大学、病院、製薬会社などに
プロダクトを提供しており、将来的には植物サンプルからDNAを抽出でき
るプロダクトを開発して、アグリバイオ業界に進出することを目指していま
した。そして、あるとき、実験室の環境で動作するプロトタイプが完成しま
した。これは大きな前進であり、実行可能性を見極めるために、リサーチプ
ロジェクトに着手することになりました。

　リサーチチームはプロトタイプが実際に機能するかを確認するために、
ヨーロッパにあるアグリバイオ企業を何社か訪問しました。プロトタイプは
うまく機能しました。しかし、ある企業が「自家製」のDNA抽出法を導入
しており、そちらのほうが実装コストが大幅に安いことが判明しました。そ
れにもかかわらず、経営幹部は新しいプロダクトが機能するのかどうか、既
存の方法を置き換え可能かどうかを知りたがっていました。そして、それか
ら8か月間かけてプロトタイピングとテストを繰り返しました。ヨーロッパ
にも何度も足を運びました。その結果、新しいプロダクトの有効性は10倍
になるが、市場の顧客は3倍の料金を支払うことはない、という結論に達し、
プロダクトの開発は中止になりました。

　このリサーチプロジェクトには、数か月の時間と数万ドルのコストがかか
りましたが、プロダクトが市場に適しているかについては、何のインサイト

も得られていませんでした。なぜでしょうか。それは、C.トッドが適切な
マインドセットを持っていなかったからです。市場調査で判明した関心の薄
さを受け入れられなかったのです。リサーチの回数を減らしておけば時間と
コストを削減できたとあとから気づきました。なぜできなかったのでしょう
か。彼（と上司）が「自分は正しい」と思っていたからです。「ルール1：
恐れることなく間違える準備をする」を守っていなかったのです。

インサイトにつながるリサーチには、いくつかの特徴があります。優れた
プロダクトリサーチは「インサイトを生み出すマインドセット」を前提に
しています。これは、正しいことを求めるよりも、顧客から学ぶというマイン
ドセットです。プロダクトリサーチをしていると、思っていた以上に間違え
ることが多いので、このマインドセットは非常に重要です。プロダクトリ
サーチは、関心を持っている問題に対して、問いを持つところから始まりま
す。そのためには、適切な対象者を相手にして、適切な手法でリサーチする
必要があります。プロダクトリサーチは共同作業です。みんなでリサーチし
て、みんなで分析します。一人で部屋に閉じこもってレポートを書くわけで
はありません。行動につながる発見と可能性のあるソリューションを何度も
共有するのです。

成功しているリサーチは、規模の大小を問わず、上記の枠組みに従ってい
ます。この枠組みに従っているチームは、インサイトをすばやく手に入れて
います。そして、リサーチを習慣化し、優れたプロダクトを提供しています。
つまり、間違えることが普通になっているのです。適切なマインドセットを
身に付けているおかげで、そのことを自然に受け入れています。

1.1　エゴはプロダクトリサーチの敵

リサーチプロジェクトが失敗する理由のひとつは、間違ったマインドセッ
トを持って始めてしまうことです。つまり、インサイトに対してオープンで
はなく、自分たちの計画に従おうとしてるのです。その主な要因は「エゴ」
です。

エゴはプロダクトリサーチの敵です。「構築すべき正しいプロダクトならわかっている。これまでの経験や知識から、顧客が求めるプロダクト、機能、サービスを正確に把握できているからだ」。あなたもそのように考えていませんか。

数年前、オンラインマーケティング会社のConstant Contactでは、顧客（主に中小企業）からの電話の問い合わせが急増し、サポートページやフォーラムのアクセス数も増加していました。そこで、カスタマーサクセス担当のVPは、顧客が求める回答を得られていない可能性があると考えました。

そんなとき、ある経営幹部が「Marketing Smarts」というモバイルアプリに会社のすべてのコンテンツを入れるというアイデアを思いつきました。このアイデアは社内でも支持されていました（正直に言えば、この経営幹部には逆らえないという政治的な理由もありました）。そして、アプリの開発とアプリストアへの提出のために20万ドル以上の予算が用意されました。しかし、幸運なことに、このアプリは実現されませんでした。「幸運なことに」というのは、当時の社内のマインドセットが「作れよ、増やせよ」だったからです。それから、プロジェクトを担当するイノベーションチーム「Small Business Innovation Loft」が新設されました。まずは、デザインスプリントを実施することになりました。コンセプトを顧客にテストしてもらい、その反応を観察するのです。その結果、質問したいときに顧客はデスクトップを使っているので、モバイルアプリを必要としていないことが判明しました。チームが数時間で作ったプロトタイプは、すぐさまモバイルアプリの必要性を否定し、さらには別の根本的な問題を浮き彫りにしました。それは、顧客サポート向けのコンテンツやフォーラムが整理されておらず、ナビゲーションもわかりにくいため、顧客は「仕方なく電話で問い合わせていた」というものです。その後、ヘルプセンターが刷新されました。

Constant Contactのプロジェクトが始まったのは、ある経営幹部が「素晴らしいアイデアがある」と思い込んだところからでした。そして、このようなエゴといくつかのデータが「これが問題に対するソリューションだ」と示していました。他のメンバーもそれを証明したいと考えていました。しかし、

実際の顧客の行動を目の当たりにして、本当の問題とソリューションが見えてきました。企業にはこうしたマインドセットの変化が求められています。その後、Small Business Innovation Loft は約3年半かけて、プロダクトリサーチのマインドセットを社内に定着させる活動を続けました。

データ駆動のチームであれば、エゴなんか存在しないと思われるかもしれません。しかし、そんなことはありません。1970年代半ば、スタンフォード大学の研究者がある実験をしました。2つのグループの学生に「本物の遺書」と「偽物の遺書」を見分けてもらうのです*[1]。学生たちには、本物と偽物がペアになった25組の遺書が渡されました。第1のグループが正しく判別できたのは、25枚のうち10枚だけでした。第2のグループが正しく判別できたのは、驚くべきことに、25枚のうち24枚でした。

もちろん、この実験には裏があります。学生が正しく判別した枚数はウソだったのです。研究者は学生たちに真実を伝えました。そして、実際にはどれだけ正解できたと思うかと聞きました。24枚を判別できたグループは「かなり正解できたと思う」と答えました。一方、10枚だったグループは「10枚くらいだと思う」と答えました。ウソであると告げられたにもかかわらず、どちらのグループも最初の考えにとらわれていたのです。事実を知っても考えが変わることはなく、むしろ補強されたのです。

このことはプロダクトリサーチにおいてどのような意味を持つのでしょうか。一度でも自分が「正しい」と思えば、それからもずっと「正しい」と思うようになるのです。プロダクトリサーチを成功させるには、こうした自己本位のマインドセットに挑戦することが重要です。

逆に考えてみてはどうでしょうか。つまり、「正しい」ではなく「間違っている」と思うとどうなるでしょうか。むしろ**「間違えたい」**と思うとどう

1　Elizabeth Kolbert, "Why Facts Don't Change Our Minds," The New Yorker (February 20, 2017), https://www.newyorker.com/magazine/2017/02/27/why-facts-dont-change-our-minds.

なるでしょうか。推測や考えを反証するたびに「正しい」と思える確証が高まっていきます。実施しているプロセスがウソではないことをわかっているからです。

ただし、**あなた**は本書を読んでいるでしょうが、あなたの上司、CEO、経営幹部は読んでいない可能性があります。プロダクトリサーチを成功させるには、**チーム全体**で適切なマインドセットを持つ必要があります。詳しいことは、第9章のリサーチの習慣化で説明します。とりあえず今は、自分自身の限定的な考えに疑問を抱くところから始めましょう。

1.2　リサーチにおけるマインドセットの違い

次に、プロダクトリサーチが失敗する3つのマインドセットと、優れたインサイトをもたらす1つのマインドセットについて説明します。その前に覚えておいてもらいたいことがあります。それは、プロダクトに関わる人間として「気配り」が必要だということです。やりたくないことであってもお金を払えばやってくれる人はいます。しかし、たとえお金を払っても、気配りまではしてくれません[*2]。プロダクトリサーチには頭だけでなく心も必要です。誰もが自分は合理的で知的だと思っていますが、実際にはそうではありません（第2章で詳しく説明します）。人は感情的で厄介な存在です。そうした人間の厄介さと、当初の考えが変わる可能性を受け入れられるマインドセットが、プロダクトリサーチを成功に導くのです。間違える準備ができていなければ、新しい発見はできません。

1.2.1　売り込みのマインドセット：「どうやって売るのか？」

C.トッドが製造業向けデータプラットフォームMachineMetricsのプロダ

2　Arlie Russell Hochschild の著書『The Managed Heart: Commercialization of Human Feeling』(University of California Press)（邦訳：『管理される心—感情が商品になるとき』A.R. ホックシールド著、石川准、室伏亜希訳、世界思想社、2000年）はこのトピックに関する優れた書籍です。

クト担当VPだったときのことです。プロダクトの問題を解決するために、同僚と一緒に顧客を訪問する機会がありました。ある機能について話し合いをしていると、同僚が顧客に「○○の機能があれば、素晴らしいと思いませんか？」と聞きました。その機能が何だったかは重要ではありません。ここで重要なのは、彼の質問がアイデアを「売り込む」ものだったことです。本物のインサイトが得られる機会を、売り込みのための誘導的な質問に変えてしまったのです。

　売り込みのマインドセットとは、顧客がプロダクトを購入するかどうかで判断するものです。質問の表現としては「○○があれば」や「もしご購入くださるなら」などがあります。リサーチというよりもセールスのように聞こえるかもしれません。正解です。売り込みのマインドセットは、顧客の状況やニーズを考慮しません。表面的な部分だけを見て、反証されそうな深い部分は見ないようにします。販売実績を重視する市場調査ではよく見られるアプローチですが、プロダクトリサーチには役に立ちません。

1.2.2　確認のマインドセット：「私は正しいのか？」

　確認のマインドセットとは、自分が望んでいる答えを得ようとするものです。データを丁寧に確認すれば、あなたの知りたい答えは見つかるかもしれません。しかし、このアプローチの問題点は、顧客の声に耳を傾けることなく、自分のアイデアや考えを確認しようとするところです。確認のマインドセットを持つと、取り組んでいる機能について誘導的な質問をしてしまいます。そうした質問には、顧客に気に入られたいという思いが込められています。そうすると、顧客の世界よりもプロダクト開発の世界が反映された質問になっています。

　たとえば「新しいファセット検索の機能はいかがですか？」のような質問です。この質問には、誘導的な部分があります。なぜ顧客が検索機能を使っていると思ったのでしょうか？　なぜ「新しい」と表現したのでしょうか？顧客が「ファセット」という言葉を聞いたことがあると思いますか？　別に検索機能に関心はないけれど、あなたが「新しい検索機能」が好ましいもの

であるかのように説明したので、とにかく何かを言わなきゃと顧客が感じていたらどうでしょうか？*3

　確認のマインドセットでは、顧客やプロダクトのインサイトを生み出せません。自分を気持ちよくさせる偽りのコンフォートゾーンを生み出すだけです。理解や計画よりも構築を優先させているチームでは、確認のマインドセットがよく見られます。自分たちが「正しい」と思いたいのです。「リサーチを実施する」のボックスにチェックを入れて、期限に間に合うように構築を開始したいのです。

1.2.3　問題発見のマインドセット：「どうすれば改善できるのか？」

　改善点を探そうとするチームもあります。こうしたチームは問題発見のためにリサーチをしています。ユーザビリティ調査であれば、運転免許試験のように扱うでしょう。つまり、答えには「正解」と「不正解」があり、それによって「合格」と「不合格」が決まるというものです。**問題発見のマインドセット**を持っていると、参加者が**できない**ことに注目してしまいます。根本原因を見つけようとして、尋問のようなインタビューをしてしまうこともあります。参加者が問題を隠しているので、自分がそれを引き出す立場にあると思い込んでしまいます。「なぜ？　なぜ？　なぜ？　なぜ！」と聞き続ければ、いずれユーザーがインサイトを与えてくれると信じ込んでいるのです。

　問題発見のマインドセットはプロダクトリサーチにどのような影響を与えるのでしょうか。問題発見のマインドセットでは、問題に集中してしまいます。参加者の体験に興味はなく、存在しないかもしれない問題を発見しようとするのです。ユーザーの複雑なインタラクションにも白黒をつけようとします。その結果、問題が多すぎて「テスト」を通過できないプロダクトは、

3　先に答えを言うと、たとえば「当社のウェブサイトの検索方法を教えてください」「当社のウェブサイトの検索についてご意見をお聞かせください」と質問するほうが適切です。

プラスの面も同時に捨てられてしまいます。逆に、何の問題もなく「テスト」を通過できたプロダクトは、たとえ市場にフィットしていなくても、そのまま出荷されてしまいます。

問題発見のマインドセットを持っていると、エゴが表面化することがあります。誰かが下手な仕事をしたせいで問題が発生し、自分がその問題を必死になって発見しようとしている、と思ってしまうのです。チームの能力が足りないのだから、自分が親切に改善点を教えてあげるべきだと思ってしまうのです。「どうすれば**私が**改善できるのか？」のように「私が」を強調するのです。

問題発見のマインドセットは短期的な改善には向いているかもしれません。しかし、ネガティブなところばかり注目して、学びが足りないため、長期的な共同作業には悪影響を及ぼします。

1.2.4　正解はインサイトを生み出すマインドセット：「理解したい」

これまでに「売り込み」「正しさの確認」「問題と改善」を重視したチームを紹介しました。これから「学習」を重視するチームを紹介します。彼らは思い込みやバイアスを自覚しており、事前にエゴをチェックして、リサーチではユーザーを誘導しないように注意しています。目的とするのは、ユーザーから学ぶことだけです。ユーザーの良い体験と悪い体験、好意的な考えと批判的な考え、提案と苦情を探ろうとします。不満の声を耳にすれば、立ち止まって話を聞き、ユーザーに自分の言葉で語ってもらいます。このようなチームはインサイトを生み出すマインドセットを持っています。プロダクトリサーチを最も成功させるのはこのようなチームです。

インサイトを生み出すマインドセットとは、プロダクトのポジティブな面とネガティブな面の**両方**に注目するものです。インサイトを生み出すマインドセットを持つリサーチャーは、オープンマインドであり、できるだけ判断を保留して、目の前のリサーチクエスチョンに集中します。売り込みのマインドセットを持つリサーチャーとは違い、購入を決定する「スイッチ」の瞬

間だけに興味があるわけではありません。確認のマインドセットを持つリサーチャーとは違い、プロダクトの機能を肯定するような誘導はしません。問題発見のマインドセットを持つリサーチャーとは違い、目の前の問題を解決しようとはしません。インサイトを生み出すマインドセットを持つリサーチャーは、バイアスを持たずに耳を傾け、理解しようとするのです。

インサイトを生み出すマインドセットでは、問題にたどり着くために**診断**のアプローチを使います。これは、顧客のニーズを理解するものです。できるだけバイアスを持たずに、オープンクエスチョンの質問をします。オープンクエスチョンとは、「前回やったときのことを教えてください」「そのときに何が起きましたか？」のような「はい」「いいえ」では答えられない質問です。診断的な質問は、仮説的な未来ではなく、過去の出来事や決定に基づいています。参加者は個人的な視点から、自分の言葉で経験を共有できます。

スタートアップアクセラレーターの友人が、成功しているスタートアップは診断のアプローチで顧客を理解しようとしていると言っていました。私たちも最初の頃は、確認のマインドセットでリサーチをしていました。その後、時間や経験を重ねていくうちに、自分たちは「正しい」と思うことを見つけようとしているだけであり、それがプロダクトを間違った方向に進めているのだと気づきました。

インサイトを生み出すマインドセットを持っていれば、間違えることが平気になります。自分の意見を確認することではなく、インサイトを生み出すことに関心があるからです。着眼点が違うので、たとえプロダクトに重大な問題を発見しても冷静でいられます（自分で作った機能に問題があったときは難しいかもしれません）。問題にばかり目を向けなければ、プロダクトの長所が見えてきます。すると、これから何を残して開発を進めるべきかがわかります。オープンマインドを持ってインサイトに集中すれば、投資した時間に対するリターンも大きくなります。結果が出たときに批判の的にされることもなくなるでしょう。

早い段階で間違えることの価値

C.トッドがプロダクト開発の早い段階で間違えることの価値を学んだ出来事があります。顧客ロイヤリティプログラムの問題解決を担当したときのことです。当時のConstant Contactでは、厳格なユーザーリサーチが実施されていました。ユーザーエクスペリエンス（UX）部門が設置され、専任のUXリサーチャーが所属していました。彼らのプロジェクトはとても長く、インサイトを引き出すまでに3〜6か月もかかっていました。マーケティングチームに膨大なデータが保持されていて、小規模ながらも成長しているデータサイエンスチームが分析をサポートしていました。

あるとき、当時のプロダクト担当シニアVPであるKen Surdanが、顧客ロイヤリティプログラムを担当するクロスファンクショナルチームの編成を要請しました。

その要請を受けて、C.トッドは小さなチームでデザインスプリントを実施することにしました。1週間かけて準備して、1週間かけてデザインスプリントを実施して、1週間かけて結果をまとめ、どのアイデアを進めるべきかの結論を出しました。結論として、進めるべきアイデアはないことがわかりました。

3週間もムダにしている！　そう思われたかもしれません。しかし、会社は約1年もかけて何の成果も得られていなかったのです。3週間の活動によって、プロジェクトを正式に終了できるだけのデータが経営陣に提出されました。大成功とは言えませんが、やるべきではないことがわかったことも成功です。10人のチームに予算を提供し、3か月後に少量のコードしか完成しなかったとしましょう。私たちが選ぶのは、10人のチームで3か月かけて失敗するよりも、小さなチームで3週間かけて失敗することなのです。

1.3　優れたインサイトを生み出すステップ

　プロダクトリサーチを効率的かつ実行可能にするには、まずはインサイトを生み出すマインドセットを持つことが不可欠です。それと同時に、行きあたりばったりの結論を出したり、冗長な確認をしたりすることなく、確実に**インサイト**を手に入れるには、決められたステップを守ることも重要です。

　プロダクトリサーチを成功させる6つの基本的なステップがあります。

●ステップ1：リサーチクエスチョンを設定する

　プロダクトリサーチの目的は、プロダクト開発につながるインサイトを適切なタイミングで発見することです。そのためには、まずリサーチクエスチョンを設定することが重要です。リサーチクエスチョンとは、リサーチ活動の枠組みを決めるひとつの問いです。つまり「何を知りたいか？」を表したものです。リサーチクエスチョンの設定は難しいものではありません。リサーチクエスチョンを設定することで、リサーチの質が担保され、プロセスに集中することができます。

●ステップ2：リサーチ手法と参加者を決定する

　リサーチのやり方と対象者を決めるステップです。リサーチクエスチョンに答えるために使える手法はいくつもあります。ただし、手法ごとに対応できるリサーチクエスチョンのタイプは違います。たとえば、統計的に意味のある数値データを必要とするリサーチクエスチョンであれば、量的手法を使います。個人的な意味の解釈を必要とするリサーチクエスチョンであれば、質的手法を使います。どのような参加者がインサイトを与えてくれるのか、どのようなデータが答えを見つけるために有益なのかを賢く選択しましょう。

●ステップ3：データを収集する

　データ収集がこんなに後ろなのか！　と驚かれているかもしれません。リサーチクエスチョンとリサーチ手法に基づいて、参加者と話をしたり、質問したり、一緒に作業したり、プロダクトを使う様子を観察したり、

ユーザーの履歴データを分析したりします。

●ステップ4：チームで分析する

データはさまざまな角度から分析することで意味を持ちます。そのためにはチームで分析しましょう。といっても、即席のチームではなく、それぞれが異なる視点、場合によっては対立する視点を持った人たちを集めましょう。アイデアの間違い探しだと思ってください。他のチームのメンバー、ステークホルダー、スポンサーを巻き込むことで、短期間で豊かなインサイトを手に入れることができます。

●ステップ5：リサーチ結果を共有する

リサーチ結果の共有は大変なので、独立したステップにしています。直前の4つのステップと同様に重要です。これまでうまく仕事をしていたのに、誰にも読まれないレポートを書いて終わってしまっては悲しいことです。リサーチ結果の共有とは、物語を伝え、ビジネスインパクトを判断し、プロトタイプによって提案を示す機会です。成功しているプロダクトリサーチチームは、すべての関係者と有意義な議論をするために、こうしたことを何度も実施しています。

●ステップ6：次のサイクルを計画する

まだ終わりではありません！　優れたプロダクトリサーチとは、市場や顧客から継続的に学ぶものです。ひとつのリサーチが次のリサーチにつながります。新しいインサイトの発見に終わりはありません[*4]。

あなたのリサーチの筋肉が強化されれば、上記のリサーチプロセスを変更しても構いません。それぞれのステップの期間も変わるかもしれません。ステップを省略することもあるでしょう（第9章で詳しく説明します）。ただし、はじめてリサーチをするのであれば、これらのステップに従うことを推奨し

---

4 継続的学習について詳しく知りたい場合は、Teresa Torres『Continuous Product Discovery』（自費出版）を読むといいでしょう。

ます。

継続的学習とは何か

プロダクトリサーチは「量的アプローチ」と「質的アプローチ」が混在していて、その順番もさまざまです（図1.1）。

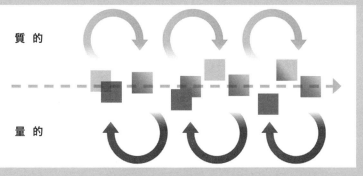

図1.1　質的アプローチと量的アプローチの混在

このことを示すために、2つのチームのリサーチサイクルを見てみましょう。どちらのチームもかなりリサーチに時間をかけていて、プロトタイプの作成やリリースなども含まれています。詳細は重要ではないので省略します。重要なのはどちらのチームも**継続的学習**をしていることです。サイクルのなかで量的と質的のどちらを選択するかは、あなたの自由です。

例1：**量的**データから開始する

量的：販売データを入手する。受注と失注の件数とその理由を調べる。失注の最大の理由に注目する。

質的：失注した見込み客やそれに近い顧客にインタビューする。

量的：失注の理由やインタビューのインサイトをもとにして、実際に起きたことと比較するために、プロダクトアナリティクスを調べる。

質的：特定した問題を解決する機能のプロトタイプを作成し、顧客からフィードバックを受け取る。

量的：機能をリリース後、期待する行動が得られているかを確認するためにアナリティクスを追跡する。

例2：**質的**データから開始する

質的：顧客を訪問して観察する。

量的：顧客のプロダクトの使用状況を分析する。

質的：顧客にビデオインタビューする。

量的：新しい機会を見つけるために市場分析する。

質的：新しい領域のプロトタイプを作成する。

量的と質的の組み合わせには無数のバリエーションがあります。たとえば、顧客インタビューを見返すところから始まることもあります。技術サポートから似たような話を聞くところから始まることもあります。前回のリリースが期待した導入率に達しなかったのはなぜなのかと、自転車に乗りながら考えるところから始まることもあります。重要なのは始めること、そして続けることです！

1.4　まとめ

エゴはプロダクトリサーチの最大の敵です。プロダクトの担当者は自分の予測が的中し、アイデアが光り輝くことを望んでいます。しかし、そのような思い込みがあるうちは、ユーザーのニーズや動機に目を向けていません。自分の間違いを受け入れることがプロダクトリサーチの核心であり、エゴを捨てたチームだけが、素晴らしいインサイトを手に入れられるのです。

プロダクトリサーチを続けていると、どこかで必ず間違えてしまいます。それも一度ではありません。何度も間違えます。間違えても構わないと思っているチームは、リサーチを繰り返すたびに改善されていきます。ユーザーから学ぶ習慣が身に付くのです。自分のアイデアが失敗しても傷つくことはありません。

1.5　現実世界で見るルール：
　　　Zeplinの創業者の大きな間違い

デザイナーが開発者と同じレベルでプラットフォームの技術的詳細を把握することは不可能です。

デザイナーのPelinは、アプリの細部にまでこだわる人です。たとえば、画面遷移、エラー時の復帰手順、アニメーションのタイミング、テキストのベースライン、リストビューでのアイコンの配置、iOS版とAndroid版の一貫性にも気を配ります。彼女は何時間もかけてデザインの仕様を文章化し、同じくらいの時間をかけて開発者と詳細を確認しました。自分が意図していることをエンドユーザーに提供するコードに正確に反映させるためです。

彼女はBerkと一緒に働いていました。そして、Berkはデザイナーの意図をコードに反映したいと考えていました。PelinとBerkは、デザイナーが開発者と共有する静的な仕様書には何かが欠けていると思っていました。Pelinの仕様書は価値があるものでしたが、Berkがコードを書き始めると常に追

加の情報が必要になりました。そのため、デザイナーと開発者の間で、延々と続くやり取りが発生していました。

　この問題を解決するために、PelinとBerkはその他2人と一緒にZeplinを創業しました。デザイナーと開発者向けのSaaSツールを提供するコラボレーションプラットフォームです。彼らは問題の核心を突いていると信じていましたが、他にもさまざまなワークフローをカバーしたいと考えました。そこで、世界中のデザイナーと開発者にインタビューをして、どのように共同作業しているのかを理解しようとしました。質問は「チームでどのようにデザインを共有していますか？」と「デザイナー（開発者）同士はどのように共同作業していますか？」の2つだけでした。2週間かけて、40人以上のデザイナーと開発者に話を聞いてみると、それぞれが異なる共同作業のスタイルを持っていることがわかりました。そして、そのデータをまとめながら、12種類のテーマを抽出し、それぞれのテーマについて、ユーザーがどのような問題を抱えているのか、ユーザー以外に誰がその問題に不満を持っているのかを調べました。

　リサーチの結果、当初のアイデアの約半分が無効になりました。Zeplinのチームは、このインプットを使って最初のリリースを構築しました。それと同時に、フィードバックフォーム、ベータプログラム、カスタマーサクセスチームが入手した顧客からのフィードバックにも耳を傾けました。創業者の思い込みではなく、エンドユーザーのニーズに基づいた方向性を打ち出したことで、Zeplinはデザイナーと開発者のコラボレーションの業界標準となりました。

　PelinとBerkがその他の創業者のように、リサーチをせずに構築を始めていたらどうなっていたでしょう。リリースするまでユーザーからフィードバックを受け取ることはなかったでしょう。リサーチから開始したことで、時間や労力をかけてプロダクトを構築することなく、同様のフィードバックを受け取ることができました。さらに、フォーカスを決めて共同作業したことで、すばやくデータを分析し、大きなインパクトをもたらすこともできました。オープンマインドなリサーチアプローチにより、当初のアイデアのほ

とんどが無効になりながらも、新しい優れたアイデアを生み出す余地が生まれたのです。これは、「ルール1:恐れることなく間違える準備をする」を守っていたからです。

1.6 重要なポイント

◎プロダクトリサーチの基本は間違いを受け入れることです。インサイトを生み出すマインドセットを持てば、学習の機会と本物のインサイトが手に入ります。

◎優れたプロダクトリサーチは以下の6つのステップで構成されています。
ステップ1：リサーチクエスチョンを設定する
ステップ2：リサーチ手法と参加者を決定する
ステップ3：データを収集する
ステップ4：チームで分析する
ステップ5：リサーチ結果を共有する
ステップ6：次のサイクルを計画する

◎次のサイクルを計画することが重要です。計画を立てなければ、リサーチが1回限りの使い捨ての見世物になってしまいます。

◎プロダクトリサーチは複数のリサーチ手法を繰り返す継続的な活動です。

バイアスが原因で、理解しようとしていた
ことに悪影響を及ぼし、限定的なインサイトや
間違ったインサイトを手に入れた経験は
ありませんか？

第**2**章 | Rule 2.
誰もがみんな
バイアスを持っている

　プロダクトリーダーのHope Gurionは、2016年にBeachbodyに転職しました（現在はFearless Productに勤務）。Beachbodyとは、25万人以上のフィットネスコーチのネットワークを持つマルチレベルマーケティングの会社です。この会社では、テネシー州ナッシュビルのスタジアムに5万人が集まる、年に一度の「コーチングサミット」の準備をしていました。プロダクトチームとしては、コーチたちと交流できる絶好の機会でした。そして、Hopeと彼女のチームは「Coach Office」というアプリを担当していました。これはコーチの事務作業を管理するアプリです。

　これまでのリサーチでは、トップコーチをターゲットにしていました。トップコーチとは、成績上位1％以内にいる約2,500人のコーチのことです。在籍期間が長く、アプリのエキスパートユーザーでもありました。トップコーチはアプリの使い方を熟知しているため、特に問題を抱えていませんでした。したがって、Beachbodyはこのアプリには何の問題もないと信じていました。しかし、残り24万7,500人のコーチはどうでしょうか。うまくアプリを使えていたのでしょうか。

　外注で開発したこのアプリは、スマートフォンでの使用が想定されていませんでした（2016年なのに！）。さらに悪いことに、アナリティクスの機能もついていませんでした。つまり、アプリの使用状況データが存在しなかったのです。利用できるのは、トップコーチの体験とコメントだけでした。一

部のユーザーに偏っていたはずなのに、チームは自分たちのバイアスに気づいていませんでした。

　そうです。バイアスに気づいていなかったのです。残念ながら人間は（あなたも私たちも）バイアスを持っています。「あなたは平均的な人よりもバイアスを持っていますか？」と聞かれたら、誰もが「いいえ」と答えるでしょう。バイアスを持っているはずがありませんよね。プリンストン大学の心理学者Emily Proninの研究チームによれば、この質問に「はい」と答える人は、660人に1人しかいないそうです[1]。自分が平均よりもバイアスを持っていると思っている人は、約0.15％ということです。Proninの研究から2つの結論が導かれました。ひとつは「ほとんどの人は自分がバイアスを持っていることに気づいていない」です。もうひとつは「ほとんどの人は他人のほうがバイアスを持っていると思っている」です。つまり、私たちは他人のバイアスを見極める能力は素晴らしく、自分のバイアスを認識する能力は悲惨なのです。全員が平均以下になれるはずがありませんからね。

　リサーチのバイアスを認識したHopeは、チームと協力して新規にリサーチを開始しました。アプリにアナリティクスの機能を導入し、質的と量的の両方のデータを収集しました。そして、それらのデータをもとに「Coach Office」の新バージョンを提案しました。新バージョンでは、コーチ全員をターゲットにすることにしました。会社はそれを承認し、新しいアプリが開発されました。

　はじめてテストしたのは、パイロット版を1,000人のコーチに公開したときでした。テストの結果、ログインの問題が明らかになりました。そして、アプリを何度も使うユーザーがいることが確認できました。翌年のコーチングサミットで新しいアプリを発表したところ、集まったコーチからスタンディングオベーションが送られました。途中からチームに参加したHopeの

---

1 Emily Pronin et al., "People Claim Objectivity After Knowingly Using Biased Strategies," Personality and Social Psychology Bulletin 40, no. 6 (2014): 691–699, http://psp.sagepub.com/content/early/2014/02/20/0146167214523476.

「外部者」の視点がバイアスを発見し、問題に対応して解決し、結果として
コーチの体験の改善につながったのです。

2.1 バイアスとは？

　バイアスとは、脳の処理を簡単にするための近道です。それによって、私
たちはすばやく結論を出したり、意思決定したりすることができます。

　バイアスは健全なこともあります。たとえば、クッキーやケーキよりもフ
ルーツを食べたいと思うバイアスがあれば、あなたの健康状態はよくなるで
しょう。しかし、バイアスには有害となる固定観念もあります。たとえば、
リサーチすべきことよりも**リサーチしたい**ことに引き寄せられてしまうので
す。事前にバイアスを捨て去れば、ビジネスに適したリサーチクエスチョン
を考えることができるでしょう。

　バイアスは現象を単純化しすぎるため、限定的なインサイトや間違ったイ
ンサイトを導くことがあります。バイアスの種類を理解して、分析を始める
前にバイアスを見極めることができれば、リサーチへの悪影響を軽減あるい
は排除できるでしょう。

　NeuroLeadership Institute（https://neuroleadership.com）では、150以上
ものバイアスが特定されています[2]。そのすべては紹介できませんが（読む
のも大変ですからね）、うまくまとめられたカテゴリーを紹介しましょう。

- 類似：「私と同じような人は他の人よりも優れている」
- 便宜：「私が正しいと感じたら、それが真実である」
- 経験：「私の認識は正確である」

---

2 Matthew D. Lieberman et al., "Breaking Bias Updated: The SEEDS Model®," NeuroLeadership Journal
(November 24, 2015), https://neuroleadership.com/portfolio-items/breaking-bias-updated-the-seeds-
model-2/.

- 距離：「遠いよりも近いほうがよい」
- 安全：「利益よりも損失のほうが強い」

　これらのカテゴリーを把握しておけば、バイアスがプロダクトリサーチに与える影響がわかります。リサーチでは必ずバイアスが登場しますが、分析するまでは気づきません。分析しても気づかないこともあります。計画しているときやユーザーに対面しているときに自分のバイアスに気づけたら、それはラッキーです。なお、参加者にもバイアスはあります。

　バイアスには、前述のフルーツのような意識的なものと、無意識的なものがあります。つまり、**自分でも気づかないうちに**、思い込みをしているのです。

　思い込みとは、コンフォートゾーンであり、安全地帯です。エビデンスや証拠がなくても、それを真実や事実として受け入れているものです。思い込みを持たずにデータや経験を検証するには訓練が必要です。思い込みは必ずしも悪いものではありません。リサーチは、常に自分が知っていることから始まります。自分の思い込みを素直に認め、リサーチを脱線させる可能性のあるものを検証しましょう。それが、解決すべき問題を特定するための重要なステップです。思い込みを明確にしなければ、ソリューションの仮説を立てることはできません。思い込みとは脳の近道なのです。しかし、思い込みがリサーチを台無しにすることもあります。

　図2.1にある3×3の点を見てみましょう。4本以下の直線ですべての点を結んでください。ただし、途中でペンを離したり、描いた線を戻ったりしてはいけません。

図2.1　4本以下の直線ですべての点を結ぶ（一筆書き）

答えがわかりましたか？　それでは、解答を見てみましょう（図2.2）。

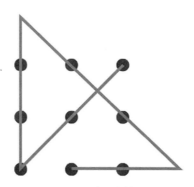

図2.2　図2.1のパズルの解答

　このパズルを解くには、3×3の枠の外側にまで線を引き、文字通り「枠を外して」考える必要がありました。目に見えない枠を超えてはいけないと思い込んだかもしれませんが、そもそも枠などありません。枠はあなたの頭のなかにあったのです！　ものすごく太いペンがあれば、すべての点を一気に塗りつぶすこともできたでしょう。ペンの太さを考えていましたか？　おそらく考えていなかったのではないでしょうか。つまり、自分でも知らないうちに思い込みをしていたということです。そうした思い込みが、インサイトの扉を閉じてしまうのです。

　これを現実世界に当てはめてみましょう。2001年初頭、画期的な発明品（輸液ポンプや不整地走行可能な電動車椅子など）で知られる企業が、革新的な乗り物を発表するとメディアに語りました。それは「馬や馬車の時代の車に

なる」ものでした*3。スティーブ・ジョブズは「パーソナルコンピューターの発明と同じくらい重要なものになる」と言いました*4。シリコンバレーの名のある投資家たちから3,800万ドルを集めました。コードネーム「Ginger」*5と名づけられたこのプロジェクトは、TV番組「グッド・モーニング・アメリカ」で生放送されることになりました。どんなものだろう？ ホバーボード？　空を飛ぶ車？　それとも、テレポーテーション装置⁉

　それは「セグウェイ」という名のスクーターでした。

　セグウェイは奇妙な見た目をしたバッテリー駆動のスクーターでした。座席はなく、最大時速は24km/時でした（図2.3）。重さは32キログラム、値段は5,000ドルでした。それは自動車業界を脅かすものではなく、一般消費者もまったく興味を示しませんでした。同社は初年度に10万台の販売を目論んでいましたが、それから約20年後の2020年、ようやく販売台数が13万台に達しました。『Time』誌はセグウェイを「最悪の発明品50」に選出しました*6。

　確かにセグウェイは素晴らしいハードウェアでしたが、市場の受け止め方について根拠のない思い込みをしていました。セグウェイは標準的なカテゴリーに当てはまらない乗り物でした。バイクなのか？　自転車なのか？　運転免許は必要なのか？

　バイアスの観点からすると、彼らは技術開発のバイアスを持っていました。セグウェイのチームは技術で問題を解決することに興味があり、社会的な背

3 Mark Wilson, "Segway, the Most Hyped Invention Since the Macintosh, Ends Production," Fast Company (June 23, 2020), https://www.fastcompany.com/90517971/exclusive-segway-the-most-hyped-invention-since-the-macintosh-to-end-production.

4 Will Leitch, "The Segway Was Meant to Be Much More than a Sight Gag," The New York Times (June 26, 2020), https://www.nytimes.com/2020/06/26/opinion/segway-technology.html.

5 Steve Kemper, "Steve Jobs and Jeff Bezos Meet 'Ginger,'" Working Knowledge (June 16, 2003), https://hbswk.hbs.edu/archive/steve-jobs-and-jeff-bezos-meet-ginger.

6 Dan Fletcher, "The 50 Worst Inventions: Segway," Time (May 27, 2010), http://content.time.com/time/specials/packages/article/0,28804,1991915_1991909_1991902,00.html.

図2.3　セグウェイ

景が見えていなかったのです。たとえば、車はスペースを取りますが、車を小さくするだけではソリューションにはなりません。消費者がセグウェイに乗って近所に買い物に行くでしょうか。結局、誰も興味を示しませんでした。

リサーチのバイアスを認識するために、3つの区分を用意しました。「リサーチャーのバイアス」、参加者やデータに起因する「外部バイアス」、両者が関係する「一般的なバイアス」です。

2.1.1　リサーチャーのバイアス

リサーチャー自身が持ち込むバイアスがいくつかあります。代表的なものをいくつか見てみましょう。

観察者期待バイアス

何かを始めるときに、結末を期待したことはありませんか。**観察者期待バ**

イアスとは、まさにそれです。つまり、リサーチャーが自分の期待する結果を見てしまう傾向のことです（「便宜」のカテゴリーに分類されます）。原因となるのは、参加者のことを事前に知っていたり、参加者に特定の行動を期待したり、参加者に対して特別な感情を抱いたりすることです。観察者の期待を確認しておかなければ、存在しない「データ」でリサーチが汚染される危険性があります。意図せずに参加者に影響を与えたり、仮説を裏付ける結果だけを選んだりするのです。あるユーザー層が他のユーザー層よりも知的であると思い込んでいませんか？　あなたの言葉や非言語的な表現がユーザーの行動に影響を与えていませんか？

確証バイアス

　すでに考えていたことを確認できるデータに引き寄せられることがあります（「経験」のカテゴリーに分類されます）。これが**確証バイアス**です。思い入れのある仮説を持っていたり、問題はすでに明らかになっていると思っていたりすると、そのことを裏付けるデータに引き寄せられてしまいます。さらには、あなたの考えに反対する、あるいは間違っていると証明するデータを、無意識のうちに破棄したり、信用しなくなったりすることもあります。自分ではやっていないと思っていても、これはよくある無意識のバイアスであり、リサーチからなかなか排除できません。

　このバイアスは、観察者期待バイアスとも関連しています。観察者期待バイアスは、適切な質問をしたり、素直に話を聞いたりすることを妨げるものです。確証バイアスは、オープンマインドで分析することを妨げるものです。

帰属の誤り

　リサーチャーのもうひとつのバイアスは**帰属の誤り**です。これは、参加者の行動の原因は参加者の性格にあると思い込むものです。人間はネガティブで望ましくない行動を見ると、その人の性格と結び付ける傾向があります。たとえば、渋滞で道を譲らなかったドライバーを見ると、なんて自己本位で無礼な人だと思うでしょう。実際には、何か特別な理由があって急いでいた

のかもしれません。こうした誤りはプロダクトの使用状況データを分析する
ときによく発生します。たとえば、ダイエットの食事プランを提供するアプ
リの定着率が低い場合、ユーザーのモチベーションが低く、やせる気がない
ことが原因だと思うでしょう。しかし、本当の原因は提案される食材の調達
が難しかったり、レシピがわかりにくかったりすることかもしれません。

　ユーザーの行動やその理由を理解したければ、相手の性格と状況の両方を
考慮する必要があります。そうすれば、帰属の誤りを回避して、広く適用可
能なインサイトを手に入れることができるでしょう。

集団帰属効果

　帰属の誤りの一種に**集団帰属効果**があります。これは、集団は均質であり、
そこに所属する参加者は集団と同じ特性を持っていると思い込むものです。
よくあるのが国籍の一般化です。フランスには素晴らしい美食文化がありま
すが、すべてのフランス人が料理上手なわけではありません。あるいは、週
に6日トレーニングしているからといって、必ずしもプロテインやサプリを
飲んでいるとは限りません。人種差別や偏見にも集団帰属効果が見られます。

　参加者とラポール（信頼関係）を築くときにも集団帰属効果が発生します。
ここで間違った思い込みをしていると、関係性が壊れてしまうこともありま
す。

2.1.2　外部バイアス

　次は、参加者やデータから発生する外部バイアスです。

可用性バイアス

　可用性バイアスとは、すばやく簡単に入手できるデータや参加者を重視す
るものです（「距離」のカテゴリーに分類されます）。リサーチクエスチョ
ンを特定して、プロジェクトの計画を立てたあとに、データ収集とリサーチ

の手法を決める段階で発生します。プロダクトがすでに動いていて、解決しようとしている問題を確認したいというマインドセットがあるときに発生しやすくなります。既存の顧客に感想やコメントを求めるのは簡単ですが、そこから成長につながるフィードバックを引き出すのは難しいでしょう。入手しやすいデータを使ったり、話しかけやすい人に話を聞いたりする誘惑に負けることなく、インサイトを生み出すマインドセットを持ち、新しく学べることに対して常にオープンであるべきです。

バイアスを持った参加者：物知り顔

あなたもこのような顧客と話をしたことがあるかもしれません。何に対しても答えを持っていて、プロダクトをこれからどうすべきかを過剰なまでに教えたがる人です。声の大きい人は目立ちますが、その声だけに耳を傾けるべきではありません。重要なインサイトを持っていることもありますから、すべて無視しろというわけではありませんが、顧客の代表だと思ってはいけません。プロダクトに詳しい人（エキスパート）であるほど、複雑なフィードバックをしてきます。それに価値がないわけではありませんが、ごく少数の意見にすぎません。

平均的な顧客を犠牲にしてエキスパートの声に耳を傾けていると、狭い範囲のメッセージを受け取ることになり、結果としてオーバースペックのプロダクトができあがります。エキスパートにはアーリーアダプターも多く、プロダクトリサーチを開始した頃に出会ってしまうとこのような罠に陥りやすいです。

バイアスを持った参加者：既存の顧客

新規の顧客を引きつけることと、既存の顧客を維持することは、まったくの別物です。たとえば、既存の顧客はシンプルなナビゲーションを求めているのに、新規の顧客は独自のデザインを求めていることがあります。プロダクトリサーチでは、既存の顧客向けの改善を重視しがちです。そこからお金を稼いでいるからです。しかし、既存の顧客を一人も失わないことと、市場

を勝ち取ることは同じではありません。成長を目指すときには、そのことを忘れないでください。

2.1.3　一般的なバイアス

　一般的なバイアスとは、リサーチャーと参加者の両方から発生し、両方に影響を与えるものです。

ホーソン効果（観察者バイアス）

　優れたリサーチャーは、バイアスが自身のアプローチだけでなく、参加者の態度や反応にも影響を与えることを認識しています。たとえば、参加者は観察されていることを意識するだけで、普段とは異なる行動をとる可能性があります。

　その古典的な例が**ホーソン効果**です。1924年から1932年にかけて、イリノイ州にある電気機器のホーソン工場を対象に、労働条件が生産性に与える影響を研究者が調査しました。労働者を普段と同じ照明の下で働く対照群と、普段よりも明るい照明の下で働く処理群の2つのグループに分けました。照明を明るくした処理群では、労働者の生産性は向上しました。しかし、驚いたことに、照明を明るくしていない対照群でも、労働者の生産性は向上したのです。

これは困りました。照明の明るさが原因で生産性が向上したわけではないようです。研究者の一人であるエルトン・メイヨーが、生産性が向上したのは調査されている（見られている）ことを意識していたからだ、と主張しました。そのことがパフォーマンスの向上につながり、単調な仕事でもモチベーションが生まれたというわけです。つまり、誰かに注目されることで、普段の行動が変わったのです。ホーソン効果はユーザビリティ調査でよく見られます。参加者が観察されていることを意識して、普段とは違ったプロダクトの使い方をしてしまうのです。

社会的望ましさのバイアス

あなたの存在は参加者のパフォーマンスに影響を与えますが、他にも影響を与えるところはあるのでしょうか。**社会的望ましさのバイアス**とは、参加者が一般的に受け入れられそうな回答をするというものです。参加者は批判されることを恐れて本当のことを答えなかったり、社会的に受け入れられないと考えて普段の行動を抑制したりすることがあります。たとえば、安全がいかに重要であるかを語る工場の従業員が、実際には安全上の対策を無視していることがあります。初心者のユーザーは、自分が使いこなせないことを隠すために、わざと高度な機能を使おうとします。

想起バイアス

記憶を思い出すことに影響を与える**想起バイアス**は主に4種類あります。まずは、**初頭効果**と**終末効果**です。これは、会話の最初や最後の部分をよく覚えているというものです。2つ目は**アンカリング効果**です。これは、最初に聞いたことを基準に設定して、残りの部分を評価するというものです。3つめは**フォン・レストルフ効果**です。これは、他より目立つものを思い出しやすいというものです。4つ目は**ピークエンドの法則**です。これは、話の最後や独特な部分を思い出しやすいというものです。

想起バイアスがあると、参加者はエピソードを正確に共有してくれません。部分的に話を忘れていたり、間違った記憶でギャップを埋めたりするからで

す。また、あなたも参加者の話をきちんと覚えているわけではありません。メモをとることは有効ですが、アンカリング効果があるため、最初に聞いた話を基準にして、残りの話を聞こうとします。あるいは、フォン・レストルフ効果があるため、印象的な話に心を奪われ、その他の重要な部分を聞き逃してしまうこともあります。

2.1.4 バイアスの対処法

これまでに紹介したバイアスは、何年もかけて築き上げてきた個人的な経験や内面世界が幾重にも重なった結果です。こうしたバイアスの要因を取り除く方法はないのでしょうか。リサーチにバイアスをかけないようにするには、バイアスの種類を知ることが第一歩です。リサーチデータをバイアスで歪めない方法をいくつか紹介します。

鏡をよく見る

健全な自己批判をするといいでしょう。リサーチの計画・実行・分析をするときに、自分の動機・考え・仮説に疑問を投げかけましょう。参加者が賛同してくれたのは、あなたを喜ばせるためではありませんか？　参加者の反応や行動が本物である証拠はありますか？　参加者の行動に影響を与えるものはありませんか？

リサーチを計画・実行・分析するときに、確認のマインドセット（第1章参照）を持たないようにしましょう。自分の思い込みを書き出して、思い込みの存在をリサーチパートナーと共有しておきましょう。

参加者と関わる前に、参加者に対する自分の考えや思いを確認しておきましょう。観察者バイアスを持っていませんか？　特定の反応を期待していませんか？（参加者と関わる前の準備については、第5章と第6章を参照してください）

第三者の視点を探す

先に紹介したHopeの事例のように、新鮮な視点から問題を見ると、近くにいる人たちが見逃しているバイアスを特定できます。ボストンコンサルティンググループでは、プロダクト開発プロセスの初期段階に専門家にインタビューするそうです（「2.3 現実世界で見るルール：中小企業のインタビュー」参照）。

バイアスを意識する

セッションでバイアスを感じた瞬間を記録しておきましょう。パートナーのバイアスも同じように記録しましょう。そうした瞬間を記録しておき、あとで話し合いをするようにしておけば、意識を高めることができます。

会話のスタイルに注意する

あなたはどのようにコミュニケーションしていますか？　質問はどのような形式ですか？　言葉や表現で参加者を誘導していないでしょうか？　あなたのコミュニケーションの方法が、参加者があなたを認識する鍵となります（第5章で詳しく説明します）。

2.2　思い込み：あなたは何を知っていると思いますか？

第1章で述べたように、リサーチはリサーチクエスチョンが間違っていると失敗します。その要因となるのは、リサーチャーの隠れた意図、真実ではないことの盲信、誰かのエゴなどです。**知っていること**と**思っていること**は違います。あなたは何を知っていると思いますか？　そのことをどうやって知りましたか？　おそらくそれは思い込みです。思い込みには良い面と悪い面があります。

セグウェイのチームは、個人向けの乗り物の市場が出現すると思っていた

ので、観察者期待バイアスと確証バイアスを持っていました。つまり、セグウェイを見た人たちが「これだ！　すぐに買おう！」と叫ぶと思っていたのです。彼らは「ラストマイル」の問題を解決しようとしていました。目的地の**手前まで**は公共交通機関で移動できるのですが、最後のマイル（約1.6km）の移動手段がないという問題です。少なくともアメリカでは、車やバイクなどの代替手段を持っている人はほとんどいません。社会レベルで考えれば、交通や自動車文化の問題も解決する必要があります。残念ながらセグウェイは、こうした問題のソリューションにはなりませんでした。

　プロダクト開発における思い込みの要因を考えてみましょう。ウースター工科大学のDavid C. Brown教授は、プロダクトの設計や開発における思い込みの要因を列挙しています（表2.1）[7]。

表2.1　思い込みの要因

要　因	例
情報の不足	顧客がショッピングカートを破棄した理由は不明だが、おそらく合計金額を見たからだろう。
問題の単純化	すべての顧客が最新のiPhoneでアプリを使っていることにしよう。
問題の標準化	過去のプロジェクトと似ているので、今回も同じソリューションが使えるはずだ。
物事の一般化	左利きの人でも右利きの人と同じように使えると思う。
使用しているツール	思考の方法が変われば、重視することも変わる。スケッチを描くと抽象的に考えるので、汎用的なものやビジュアルなものを重視する。フローチャートはプロセス指向で離散的なので、意思決定を重視する。モックアップはインターフェイスを扱うため、ビジュアル面を重視する。

---

7 David C. Brown, "Assumptions in Design and in Design Rationale" (2006), http://web.cs.wpi.edu/~dcb/ Papers/DCC06-DR-wkshp.pdf.

文化的な圧力	最新のトレンドを意識してしまう。「スキューアモーフィズム」を覚えていますか？（覚えていなくても大丈夫です！）現実世界と同じように見せるデザインのことで、2007年半ばのAppleのデザインに多用されていました。
専門家の傲慢	「私は思い込みをしません！」という思い込み。
曖昧な要件	想定する顧客がわからず、要件にも記載されていなかったので、聴覚障害や視覚障害を持つ顧客のアクセシビリティを考える必要はないと思った。
規則、規範、慣習	「ステップ数が増えれば離脱率が高まる」というUXのルールを学んだので、それが使えると思った。
事前の期待	ある結果を期待していたら、それがデータに表れた（確証バイアス）。
日常からの脱却	何か違ったことをしたいという衝動に駆られ、要件に書かれていないことをやるべきだと思った。
日常の延長	これから入る建物には、人間が正常に呼吸できる空気がある。

　思い込みをなくすことはできませんが、軽減する方法はあります。リサーチクエスチョンに答えるときに重要となる思い込みに注目するのです。まずは、思い込みを特定する必要があります。思い込みは隠れています（それほど多くはありません）。思い込みの特定は、マラソンのトレーニングに似ています。最初から30キロ走ろうとせずに、1.5キロのジョギングから始めましょう。

　速く走れるように体を鍛えるのと同じで、思い込みを特定できるようにチームと一緒にトレーニングしましょう。思い込みを打ち破るひとつの方法は、的を絞った質問をすることです。そして、どれが「正しい」質問であり、それがなぜなのかを考えます。

　チームと一緒に簡単な演習をしてみましょう。何でもいいので身近にあるプロダクトを選んでください。今、座っているイスでもいいですし、机でもいいです。モバイルアプリでも構いません。ポストイットかバーチャルホワイトボードに自分の思い込みを書き出します。たとえば、いま座っているイ

スにしましょう。

　なぜ肘掛けがあるのか？　肘掛けがある前提は何か？　人間には腕が2本あるからか？　肘掛けがひとつのイスは何を前提としているのか？　このキャスターはうまく滑るのか？　イスの寸法はなぜこうなっているのか？平均的な成人を想定しているのか？　どのような人までなら対応できるのか？

　Medtronicのデザイナーである Craig Launcher は、このプロセスを**思い込みのブレスト**（assumption storming）と呼んでいます。医療機器業界では、前提が間違っていると誰かの命が危険にさらされます。彼のチームでは、プロダクトの設計や開発のときに、状況を把握するまで何日もかけて思い込みのブレストをするそうです。

　引き続きセグウェイの例を見てみましょう。問題だったのは、ラストマイルの代替手段がないことでした。この問題について、いくつもの質問が考えられます。

　既存の代替手段は何か？　代替手段はみんなが利用できるのか？　購入してもらえるのか？　使いたいと思うのか？　安全性は？　規制当局の分類は？

　まだまだ続けられますが、このくらいにしておきましょう。これらの質問は思い込みが形を変えたものです。

● **既存の代替手段は何か？**
　公共交通機関（バス、鉄道、タクシー）、車、バイクなどが考えられます。

● **代替手段はみんなが利用できるのか？**
　必ずしもみんなが利用できるわけではないと思います。

● 購入してもらえるのか?

特定のセグメントが対象であり、そのセグメントでは購入してもらえると思います。

● (そのセグメントは) 使いたいと思うのか?

購入してみたいと思うはずです。

● 安全性は?

バイクと同様の安全対策を想定しています。

● 規制当局の分類は?

バイクに分類されると思います。

　これらの思い込みをパターンに分類することもできます。たとえば「市場」「規制当局」「価格」に分類できるでしょう。思い込みのブレストをする前に、こうした分類を先に用意しておくこともできます。

　思い込みを書き出したら、次は点数をつけていきます。最初はリスクレベルを設定するといいでしょう。この思い込みが間違っていたら、何が起きるでしょうか?　すべてが台無しになりますか?　それともインパクトはわずかですか?　たとえば、セグウェイの設計者は技術的な思い込みを持っていましたが、セグウェイを開発したことで、それが正しかったことを証明できました。しかし、市場の思い込みのほうがリスクが高く、開発が終了間近になるまで確認されることはありませんでした。「それを作れば、彼らはやって来る」は、映画では通用しますが〔訳注:トウモロコシ畑に野球場を作った映画『フィールド・オブ・ドリームス』のこと〕、プロダクトでは通用しません。

　最もリスクの高い思い込みを特定できたら、それが有効か無効かを検証しながら、リスクを低下させる方法を探します。でも、どうやって?　**リサーチするのです!**　すべてを検証する必要はありません。既存の原則やパターンに基づいた思い込みは、とりあえず安全なものとして扱います。リサーチでは、先入観に基づいた思い込みを特定します。これらは自分たちが持つバ

イアスなので、なかなか見つけられません。

　第3章では、思い込みやバイアスをリサーチクエスチョンに取り込みます。

2.3　現実世界で見るルール：中小企業のインタビュー

　バイアスを減らすひとつの方法は、専門家を巻き込むことです。もちろん専門家にもバイアスはありますが、そのトピックに関する深い知識を持っています。このトレードオフは試す価値があります。

　ボストンコンサルティンググループ（BCG）のプロダクト開発のアプローチは、一般的なSaaS企業のプロダクト開発とは違います。BCGはさまざまな分野の専門家がいる大企業なので、リサーチャーは専門家をリサーチに利用できないかと考えました。BCGのプロダクトマネージャーであるIuliia Artemenkoによれば、BCGのプロダクトチームは、市場調査をすると同時に、社内の専門家にインタビューするそうです。業界の知識を持つ専門家に問題の枠組みを教えてもらうのです。それが終わってから、ユーザーにテストするプロトタイプを開発します。このようにして、初期のプロダクトの方向性をユーザーと一緒に決め、ユーザーからのフィードバックをプロダクト開発に反映させていきます。本章で説明したように、専門家はバイアスを持っているからです。現実世界で確認することで、社内の専門家のバイアスを軽減しているわけです。

2.4　重要なポイント

◎人間はバイアスを持っています。バイアスとは、リサーチの結果に影響を及ぼす先入観や思い込みです。

◎アクセスしやすい、専門家である、優良顧客である、といった理由だけで、特定のユーザーをリサーチの対象にしてはいけません。

◎思い込みがあっても構いませんが、それがどのようなものであり、なぜそのように思うのかを明確にしましょう。

◎自分の思い込みを分析しましょう。「知っていると思っていること」と「実際に知っていること」は違います。

あなたのリサーチのアプローチは、
曖昧さ、アウトプット、手法によって
制限されていませんか？

第 **3** 章 | Rule 3.
優れたインサイトは
問いから始まる

　Daniel Elizaldeは、通信会社のEricssonで新しい仕事を始めることになりました。IoT部門の責任者とVPを担当することになったのです。彼の仕事は、IoTのソリューションを構築して、市場に届けることでした。さまざまな情報源（McKinsey & Company、IDC、Gartnerなど）から市場戦略情報を入手していた彼は、自動化とデジタル化をもたらす「インダストリー4.0」による製造業のサポートを目指しました。これは市場レポートに従ったものでした。そして、Danielは答えが必要な問いをいくつも持っていたので、プロダクトリサーチを実施することにしました。

　Ericssonにおける**リサーチ**は、プロダクトマネジメントのキャリアを持つDanielの理解とは違っていました。それは**技術研究**のことでした。たとえば、本書の執筆時点では、Ericssonは5Gのプロダクトを市場に送り出していますが、同社のリサーチチームは次世代のネットワーク技術（「6G」と呼ばれるもの）を開発しています[*1]。こうした**技術研究**は、プロダクトの成長可能性、ユーザビリティ、望ましさに対する答えを求める**プロダクトリサーチ**とは対照的です。

---

1 Ryan Daws, "Nokia, Ericsson, and SK Telecom Collaborate on 6G Research," Telecoms Tech News (June 17, 2019), https://telecomstechnews.com/news/2019/jun/17/nokia-ericsson-sktelecom-6g-research.

5Gの技術を使用できるプロダクトはいくつもありましたが、使用できるからといって、必ずしも使用すべきというわけではありません。Danielはどこから着手すべきでしょうか。どの方向へ進むべきでしょうか。

　Danielとチームにはリサーチクエスチョンが必要でした。まずは、広範囲の問い「製造業のどの領域を理解すべきか？」から始めました。McKinseyのレポートでは、IoTプロダクトの成長分野は「予知保全」〔訳注：機器の状態を監視して、故障や不具合の予兆を検知すること〕とされていたので、そのあたりをさらに深堀りすることにしました。

　誰が問題を抱えているのか？　どの業界を対象にするのか？　いつ問題が発生するのか？　現在のソリューションの限界は何か？

　最初にいくつかの問いを用意したことで、プロダクトリサーチがうまく前進しました。では、問いが複数ある場合、チームはどの問いを選択すべきでしょうか。インサイトを生み出すには、リサーチクエスチョンはひとつに絞るべきです。

3.1　インサイトとは？

　目的を確認しましょう。私たちはインサイトを探しています。**インサイト**とは「ある状況を別の視点から見たときの価値のある情報」のことです。ユーザーの行動や心理を観察するところから生まれます。要するに、何かの秘密を知るようなことです。

　何かを知ったときに「それはすごい、知らなかった！」と叫んだことはありませんか。それがインサイトです。誰かに教えてもらうこともあれば、自分で発見することもあります。簡単な例を紹介しましょう。C.トッドがはじめて飼った犬の話です。玄関に人が来ると大きな声で吠え始め、しばらく静かにならないような犬でした。落ち着かせようとしましたが、なかなかうまくいきませんでした。しばらくして、誰かに「犬は群れをなす動物だから、

知らない人が来ると本能的に群れに警告するんだよ」と教えてもらいました。また、犬は連想による学習（パブロフの犬で有名な**古典的条件付け**[2]）をするため、友人や親戚が来たときにあなたが興奮していれば、犬も同じように興奮することを学びました。この2つの情報がインサイトです。

1. 犬は群れをなす動物であり、訪問者が来るとあなたに警告する
2. 犬は連想によって学習する

　それでは、実際のプロダクトの例を見てみましょう。MachineMetrics の Operator Dashboard は、工場の機械の隣に設置するタブレットです。画面には機械の動作に関するデータや情報が表示されており、オペレーターがいつでも確認できるようになっています。機械が順調に動作していれば、画面は緑色です。作業が遅れていれば、その度合いに応じてオレンジや赤色になります。このようなデザインにしたのは、遠くからでも作業者が状態を把握できるようにするためでした。工場はとても広いので、遠くから見えることは重要です。しかし、MachineMetrics のチームがプロダクトリサーチをした結果、オペレーターは画面の色から感情的な影響を強く受けており、赤い画面を見るとやる気を失って、機械を復旧させる気がなくなることがわかりました。これがインサイトです。さらに深堀りしていくと、画面が緑色であれば、オペレーターは緑色を維持しようとするのです！　この情報を踏まえて、チームはインターフェイスを再デザインすることにしました。チームの最初の問いは「オペレーターはタブレットからどのように情報やデータを取得しているのか？」でした。

3.2　問いがないのにリサーチを開始しがち

　リサーチクエスチョンを持たずにリサーチを開始するのは簡単です。リサーチを始めたばかりのチームはこの罠に陥ります。フォーカスを決めるこ

---

[2] "Classical Conditioning," Wikipedia, https://en.wikipedia.org/wiki/Classical_conditioning.

となく、データを見たり、ユーザーに話を聞いたり、コンセプトを提示したりするのです。よく見られる罠が3つあります。フォーカスを決めない「曖昧さの罠」、問いから始めない「アウトプットの罠」と「手法の罠」です。それぞれ見ていきましょう。

3.2.1 曖昧さの罠：「ざっくりチェックしよう！」

リサーチを始めたばかりのチームは、すべてをざっくり把握する必要があると感じます。プロダクトの使用状況、ブランドの認知度、個人的な物語、機能の提案など、ユーザーに続々と質問を投げかけ「ざっくりチェック」しようとします。その結果、多くの情報が手に入りますが、プロダクトに役立つインサイトはわずかです。プロダクトリサーチの目的は、すぐに行動につながる結果です。質問が多すぎると、結果につながらないデータを収集してしまうリスクがあります。

「ざっくりチェック」は漠然としすぎています。たとえば、ネットプロモータースコア（NPS）を考えてみましょう。これは顧客にプロダクトやサービスを友人に推薦する可能性を評価してもらうものです。組織にとってNPSは魅力的です。たったひとつの数字だけで、プロダクトの顧客ロイヤリティについて知りたいことがすべてわかるからです。NPSは「最重要の顧客指標」と呼ばれるくらいです[3]。しかし、顧客が考えていることはわかるのでしょうか。私たちが苦労の末に導き出した答えは「わからない」です。あるプロダクトを評価したところ、NPSは90でした。これはプロダクトが素晴らしいことを示していますが、残念ながら成長データは反対のことを示していました。NPSスコアは無意味です。最悪の場合、危険な誤解を招く恐れもあります。

顧客に可能性の質問をするもうひとつの問題は、人間は未来の行動を予測

---

3 Frederick F. Reichheld, "The One Number You Need to Grow," Harvard Business Review (December 2003), https://hbr.org/2003/12/the-one-number-you-need-to-grow.

できないということです。顧客はプロダクトを推薦したいと言うかもしれません。
せんが、それは本当でしょうか。「友人がその会社で働いているから」とか「友
人に頼まれたから」という理由があればやるかもしれません。あるいは、クー
ポンや賞品がもらえるなど、報酬があればやるかもしれません。しかし、こ
れらはプロダクトに対するロイヤリティではありません。人間の普通の行動
です。優れたリサーチクエスチョンは、スコアそのものよりも、**なぜ**そのス
コアをつけたのかを扱います。顧客の体験を示す数値があれば便利ですが、
それは1つの数字ではないでしょう。

　顧客の体験をすべて把握したいと思うのは素晴らしいことです。それはあ
なたが顧客のことを気にかけているからです。プロダクトリサーチでは、
フォーカスを決めて、その目的に向かって反復的なステップで進みましょう。

3.2.2　アウトプットの罠：「ペルソナが必要だ」

　アラスに相談してきたのは、デザインチームとプロダクトチームのリサー
チのインパクトを高めたいという小売企業でした。その企業は過去の失敗の
ことを説明し、どうすれば改善できるのかと聞いてきました。以前、リサー
チを強化するためにリサーチャーを雇ったそうです。意欲的なリサーチャー
でしたが、前職で使っていた資料がないことに落胆したそうです。彼は、顧
客のエンドツーエンドの体験を理解しなくては、優れたデザインはできない
と考えていました。そこで、全員を集めて、詳細なカスタマージャーニー
マップを作ることにしました。何か月もかけて、使用状況データを調査した
り、ビジネスオーナーとビジネスフローを把握したり、顧客の体験を理解す
るために顧客と話をしたりしました。そして、数週間かけて、デザイナーと
一緒に膨大なデータをまとめたポスターを描きあげました。あまりにも細
かいので、プロッターで印刷されていました。そのポスターはオフィスの壁に
誇らしげに貼られました。

　それから、何も起こりませんでした。デザインチームとプロダクトチーム
は混乱していました。どこを改善できたのかわからなかったからです。それ
でも、ほとんどの課題は把握できていました。顧客の状況を目にしていたし、

ビジネスアナリストとも協力していたからです。しかし、課題をポスターにして華々しく壁に飾っても、顧客に優れた体験を提供できるわけではありません。すべてが時間のムダだったのです。

問題点がわかりましたか。このリサーチャーは「顧客のエンドツーエンドの体験を理解したい」という問いから始めているように見えて、実際は「カスタマージャーニーマップが欲しい」というアウトプットから始めていたのです。企業が手に入れたのはアウトプットであり、それ以上のものではありませんでした。

リサーチに慣れていないチームは、アウトプットにフォーカスする罠に陥りがちです。ユーザーペルソナに関するブログ記事を読んで「なるほど、私たちにはこれが必要だ！」と思うのは簡単です。しかし、数歩下がって、**なぜ**ペルソナ（やカスタマージャーニーマップなどの華やかなアウトプット）が必要なのかを考えてみましょう。計画を変更したからですか？　開発のために特定の行動に興味があるのですか？　新しいビジネスの機会領域を探しているのですか？　アウトプットではなく問題にフォーカスしたほうが、優れたインサイトは生まれるはずです。

3.2.3　手法の罠：「アンケートするべき？」

アウトプットと同じように、手法から始めたくなることもあります。「アンケートしよう。顧客中心の企業はどこもやってるから！」と言いがちです。残念ながら、これは逆向きのリサーチ計画です。プロダクトリサーチからよい結果が得られるチームは、何を知りたいかを決めてから、使用する手法を決めています。

目的をひとつの明確なリサーチクエスチョンに絞ることが重要です。リサーチクエスチョンによってフォーカスが決まり、インパクトのあるリサーチになります。ひとつの明確なリサーチクエスチョンを作るには、プロダクトのデータ、比較情報、市場機会、既知のベストプラクティスなどを組み合わせて利用します。

ひとつの明確なリサーチクエスチョンがあれば、何が重要なのかがわかりやすくなります。プロジェクトの目的に合ったリサーチクエスチョンを設定することで、周囲の状況に惑わされることなく、全員が共通の問題にフォーカスできます。途中で他の課題が見つかることもあるでしょう。その場合もリサーチクエスチョンがあれば、次の機会に残しておけばいいとわかります。取り組むべき課題を自由に学ぶこともできます。

　それでは、どのように問いを作るのでしょうか？　どうすれば知りたいことをひとつのリサーチクエスチョンに集約できるのでしょうか？

3.3　直感からリサーチクエスチョンへ

　リサーチは直感から始まります。プロダクトで気になる点を直感で見つけるのです。前のセクションで紹介した悪い例は、すべて直感によるものでした。直感レベルのままでは、役に立たないアウトプットを生み出してしまいます。

　プロダクトリサーチを成功させるには、思い込みや「もしかすると」の妄想ではなく、リサーチクエスチョンを見つける必要があります。リサーチクエスチョンとは、リサーチをガイドするひとつの問いです。リサーチクエスチョンにたどり着くには、根本的な問題が見つかるまで、直感をさまざまなレンズで何度も眺めます。そして、興味のある領域に関するリサーチクエスチョンをひとつだけ作ります。さらに手を加えていくと、興味深い問題や複数のリサーチクエスチョンができることもあります。それでも構いません。ひとつに絞り込む方法については、本章の最後で説明します。残ったリサーチクエスチョンについては、第9章で説明します。（ネタバレ：次回以降のリサーチサイクルのインプットになります！）

3.3.1　直感から問題へ

　直感をリサーチクエスチョンにするには、直感を問題として捉え直します。

探索しようとしている領域は何ですか？　このように問いかければ、関連するものと関連しないものの間に境界線を引けます。また、フォーカスも定まります。直感に対してジャーナリズムの古典的な質問を使い、それを問題として捉え直すのです。

● Who？：誰のことを知りたいですか？

　あなたの直感はその人の問題に関わるものですか？　どうやってそれを知りますか？　その人は問題だと思っていますか？

● What？：あなたの直感の本質は何ですか？

　その領域を探索したいと思う理由は何ですか？　今持っているエビデンスは何ですか？　足りない情報は何ですか？

● Why？：なぜ探索する価値があるのですか？

　それはユーザーにインパクトがあるものですか？　それはどのくらい重要ですか？　なぜ今それを気にかけるのですか？

● Where？：その問題を見たのはどこですか？

　通常はどこで発生するものですか？　どのような状況で発生するものですか？

● When？：いつ発生したのですか？

　どのくらいの頻度ですか？　頻度に例外はありますか？　プロダクトを使えば、ユーザーの体験は変わりますか？

● How？：その直感をどのようにつかみましたか？

　その直感は問題になりますか？　それともユーザーの喜びになりますか？　それはチャンネルごとに違った体験になりますか？

　これらの質問に答えれば、あなたの直感を洗練させ、根本的な問題を明らかにできます。さらに問題を明確にするには、「使用」「事業」「専門」の3つの視点から問題を捉えます。

● 使用の視点

ユーザーのプロダクトの使い方を知ることで、実際の課題や機会を理解できます。ユーザーの問題がわかるようになれば、ユーザーの行動や感情をリサーチに組み込むことができます。

● 事業の視点

プロダクトマネジメントは複雑な分野です。その目的のひとつは財務的な成長を持続させることです。素晴らしい体験の提供は、コストはかかりますが、大きなリターンをもたらします。問題を事業の視点から見ることで、将来の成長につながるかどうかを判断できます。

● 専門の視点

業界のリーダー、大学の先生、社内の専門家、そして彼らの作った情報を利用すれば、問題を深堀りして、最も価値のあるところに集中することができます。ユーザビリティのルール、キャンペーンの構造、市場トレンドなどを自分で決めるべきありません。世の中にあるものを使うところから始めましょう。

　図3.1に示すように、3つの視点は直線的なプロセスではありません。いくつかの視点を省略することもあります。ひとつの視点を選び、さまざまなものを活用しながら、さらに深く掘り下げることもあります。これは何を知りたいかによって変わりますし、リサーチのラウンドごとに変わることもあります。

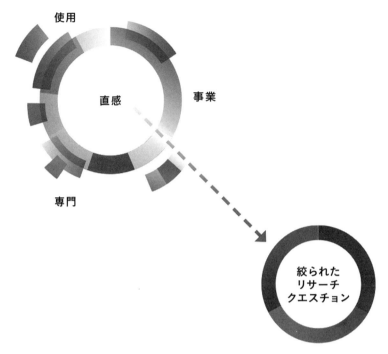

使用

直感　　事業

専門

絞られた
リサーチ
クエスチョン

図3.1　直感からリサーチクエスチョンへ移行するための3つの視点

3.3.2　問題からリサーチクエスチョンへ

　リサーチクエスチョンをひとつに絞るのと同じくらい重要なのが、間違い
なく表現することです。つまり、**何を問うのか**と同じくらい、**どのように問
うのか**も重要ということです。したがって、リサーチクエスチョンの立て方
が重要になります。優れたリサーチクエスチョンには、3つの重要な特性が
あります。

●フォーカスが絞られている

　優れたリサーチクエスチョンには、リサーチャーが慎重に選んだフォー
カスがあります。広範なリサーチクエスチョンであっても、フォーカス
を絞ることは可能です。たとえば「低所得者層はCOVID-19のリスクに
どのように対処しているか？」というリサーチクエスチョンは、スコー
プは非常に広いですが、フォーカスは絞られています。対象者のグルー

プ（低所得者層）、学ぶべきテーマ（COVID-19のリスク）、探索する行動（対処）、明確な問い（どのように）が含まれています。

● **オープンクエスチョンである**

リサーチクエスチョンは「はい」か「いいえ」で答える問いではありません。インサイトを生み出すマインドセットを覚えていますか。プロダクトリサーチはオープンマインドで学ぶものでした。オープンクエスチョンを使えば、あなたが考えもしなかった体験を参加者が共有してくれるはずです。また、興味深いことがあれば、そのことについてさらに質問することもできます。

● **先入観が入っていない**

リサーチクエスチョンは誘導的なものではありません。先入観を入れないようにしましょう。隠れた意図を含める必要もありません。あなたが聞きたい答えを引き出すものでもありません（これまでの章でも学びました）。

　問いの組み立て方によって、答えは変わってきます。だからこそ、問題をリサーチクエスチョンにするときに、暗黙的なバイアスを取り除くのです。このステップを正しく行うことが重要です。リサーチの方向性がここで決まるからです。間違った問いから始めると、道に迷う可能性があります。

　リサーチクエスチョンはインタビュークエスチョンとは違います。 リサーチクエスチョンとは、リサーチ全体のフォーカスを決めるものです。**インタビュークエスチョン** とは、インタビューのときにする質問のことです。インタビュークエスチョンを使わずに、リサーチクエスチョンに答えることもできます（第4章で詳しく説明します）。インタビューするときは、リサーチクエスチョンを聞いてはいけません。

　まとめると、**優れたリサーチクエスチョンは思い込みではなく、すでに知っている情報に基づいたものです。** すでに知っている情報をうまく絞り込み、本物のインサイトにつながるひとつのリサーチクエスチョンを作るので

す。あらゆることを問いかけるのではなく、本当に知りたいことに集中しましょう。

　それぞれの視点で問いを洗練させる様子を例を使いながら説明しましょう。あなたはECサイトを運営するチームのメンバーです。あなたはチェックアウトページが古すぎると感じています。ただし、ユーザーはそれを問題だと思っていない可能性があります。ユーザーが苦情を言わない限り、それは**あなたの問題**であり、ユーザーの問題ではありません。他にも問題が存在する可能性があります。たとえば、このページが何らかのユーザーの問題を引き起こしているかもしれません。購入プロセスに面倒なステップがあるかもしれません。そして、ユーザーはそのことに気づいていないかもしれません。あなたの直感を3つの視点から検証することで、時間をかけるべき本当の問題にたどり着くことができます。

3.4　使用の視点

　イベントトラッキングから得られる使用状況データやユーザーからのフィードバックを利用して、リサーチクエスチョンを作るための問題を組み立てることができます。本セクションで説明するデータはすぐにでも収集できます。デジタルプロダクトならば、アナリティクスパッケージから着手しましょう。これらのデータから、**なぜ**起きているかはわかりませんが、**何が**起きているかはわかります。

3.4.1　イベントトラッキング

　プロダクトやサービスの使用状況を知りたければ、ユーザーが実際に使っている様子を調べましょう。このようなデータを取得するひとつの方法は、プロダクトやサイトにおけるユーザーの行動の痕跡を調べることです。ユーザーの行動は**イベント**と呼ばれます。たとえば、ボタンのクリック、スクロール、ドラッグ、ホバーなどです。これらのイベントを記録することを**イベントトラッキング**と呼びます。これらの痕跡が重要な情報となり、優れた

リサーチクエスチョンにつながります。計測器やテレメーターだけで雪に残された足跡をたどるようなものです。専用のツールとしては、Google Analytics、Pendo、Heap、Amplitude などがあります。

ユーザーの行動を追跡すると、ユーザーのためのプロダクトが作れます。時系列のイベントのパターンが見えれば、ユーザーの使い方がわかるからです。そうすると、プロダクトで摩擦が発生している部分を改善できるはずです。

イベントを分析するために、自分でシステムログを調べたり、レポートを作成したりすることもできますが、アナリティクスパッケージを使ったほうが簡単です。数年前、ボストンに拠点を置くスタートアップ Paperless Parts のプロダクトマネージャーに着任した Roger Maranon は、ツールを使わずに使用状況データを収集することにしました。それに対し、デザイナーからは不満の声があがりました。そして、SQL を実行することに飽きてきた頃、ようやくアナリティクスパッケージを導入することになりました。その結果、彼が好評だと思っていた機能はあまり人気がないことが判明し、これから何に注力すべきかをようやく考えられるようになりました。

イベントトラッキングはクリックだけではありません。追跡できる行動やデータは他にもあります。それらを追跡すれば、ユーザーの行動を詳細に把握できます。いくつか例を挙げましょう。

● **クリックとインタラクション**

ユーザーのクリック数を測定したものです。最も一般的なイベントトラッキングです。ページのどこかにカーソルを合わせている時間を追跡した**滞在データ**を提供するプラットフォームもあります。

● **サインアップ、ログイン、フォーム送信**

ユーザーが送信する情報に関するものです。サインアップ、サインイン、退会など、ユーザーが何を送信したかを追跡できます。

● ダウンロード

　ユーザーがダウンロードしたコンテンツやファイルの種類（CSV、PDF、GIFなど）を示します。ダウンロードの追跡は、ユーザーの行動を理解するために重要です。ダウンロード後のイベントを追跡してくれるプラットフォームもあります。

● 埋め込みウィジット

　サイトにインタラクティブなガジェットやウィジットを埋め込んでおけば、それらがどのように使われているのか、どれが効果的なのかといった情報が得られます。たとえば、レーティング、フィードバック、あなたへのお勧め、カレンダー、投票、シェアボタン、サードパーティーのコンポーネントなどがあります。

● 動画

　サイトに動画があれば、動画のホスティングプラットフォームから統計データが提供されています。このデータを他のデータと結び付けるにはどうすればいいでしょうか。再生・一時停止・停止のイベントを追跡すれば、訪問者が動画をすべて見たのか、途中でスキップしたのか、最初の数秒間しか見なかったのかを把握できます。そこには行動の違いがあります。動画がプロダクトにとって重要なものであれば、そうした行動を把握することが重要です。

● スクロール到達率

　ページがどこまでスクロールされたかを分析するときもイベントトラッキングを使います。Mediumなどのコンテンツプラットフォームでは、こうした情報が提供されています。ページを訪問するだけでなく、最後までスクロールしたかどうかで、ユーザーが記事を読んだことをカウントしています。スクロールしたのだから記事を読んだはずだという前提が隠れていますが、もちろんそれが正しいとは限りません。

● ファンネル／フロー分析

　ユーザーがプロダクトを使うときの経路を知りたいこともあります。た

とえば、商品の詳細ページから、ショッピングカートを経由して、チェックアウトページに至るまでの経路は重要です。こうした経路を**ファンネル**と呼びます。ファンネルの途中のイベントも分析すれば、ユーザーの行動に関するインサイトが得られます。

● 定着（リテンション）

ユーザーが離脱するポイントから、ユーザーがサイトをどのように移動しているかがわかります。ウィンドウを閉じたりページから離れたりしたタイミングを追跡し、そのときのページに何が表示されていたかを確認できれば、重要な情報が得られます。

● エントリーポイント

ユーザーがどこから来たかがわかれば、使用に関する重要な手がかりになります。プロダクトがオンラインプラットフォームであれば、リファラーからトラフィック元がわかります。検索キーワードを確認すれば、検索エンジンから来たユーザーの意図を理解することもできます。プロダクトがアプリであれば、どのアプリやウェブサイトからユーザーが来ているのかを確認できます。マルチチャンネルのプロダクトであれば、ユーザーがチャンネルを切り替えたとき（ウェブサイトからフローを開始してアプリで終了するなど）を追跡できます。オンライン広告や検索エンジンの有料プレースメントを使用している場合は、自分でプロダクトを見つけたユーザー（オーガニック）と、広告を利用したユーザーを区別できます。

● 使用頻度

使用の頻度とタイミングから多くのことがわかります。たとえば、プロダクトを使い始めた時期、滞在時間、戻ってきた回数などを見ることができます。データをよりよく理解するために、季節性や繰り返し発生するイベントを考慮に入れることもできます。たとえば、銀行アプリは給料日の前後に使用が急増します。瞑想アプリは朝と夜遅くにピークに達します。ギフトサービスは特別な日（母の日など）だけ大量のトラフィックが発生します。こうした行動を理解・予測することから、関連性の高

いリサーチクエスチョンが生まれます。

● コレクションのサイズ

コレクションとは、グループを表すコンピューター用語です。コレクションの数を見れば、通常の使用とエッジケースを区別できます。音楽ストリーミングサービスであれば、プレイリストの数、プレイリストの曲の数、過去一週間で作成されたプレイリストの数、プレイリストから追加・削除された曲の数などから、興味深いリサーチクエスチョンにつながる可能性があります。

● デバイスの分布

あなたのプロダクトは、デュアルスクリーンの最高級のMac Proでデザインして、iPhone Pro Maxを使用しているCEOが承認したものかもしれません。しかし、ユーザーが使用しているデバイスの画面サイズ、スクリーンの品質、OS、計算処理能力、ハードウェア性能はさまざまです。ユーザーのデバイスの種類を知ることで、リサーチクエスチョンを絞り込み、使用に関する思い込みを明確にできます。

データ分析で売上増加

2010年、Expediaのアナリストは、支払いページで衝撃的なパターンを発見しました。一部のユーザーが [会社名] の入力フィールドに「支払いをする会社」を入力していたのです。つまり、その人の勤務先ではなく、銀行などの名称を入力していたのです。[住所] のところにも自宅ではなく銀行の住所を入力していました。もちろん支払い処理は失敗していました。

このパターンを発見したあとで、[会社名] の入力フィールドを削除しました。 この変更により、年間の売上が1,200万ドル増加しました[4]。

---

4 Nick Heath, "Expedia on How One Extra Data Field Can Cost $12m," ZDNet (November 1, 2010), .

人々の行動を記録することの倫理については慎重に考える必要があります。何かを追跡できるからといって、追跡すべきという意味ではありません。最新のデータ分析技術を使用すると、イベントトラッキングから膨大な情報を取得できます。その量を考えると恐怖を感じることもあります。取得できるデータの詳細レベルを知りたければ、http://clickclickclick.click にアクセスしてください（図3.2）。

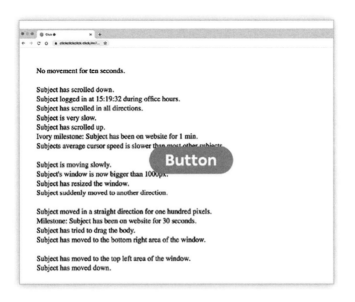

図3.2　イベントトラッキングで取得できる情報の例

　ある時点から、膨大なデータに恐怖を感じるようになります。すべてのイベントを追跡しておいて、何を見るべきかはあとで決めればいいと言うと、なんだか説得力があるように聞こえます。しかし、このアプローチではアプリやウェブサイトの速度が低下し、余計なコストが発生します（イベントごとに課金するプラットフォームもあるくらいです）。考えてみてください。そのデータにどのような価値がありますか？　あなたが知りたいことと関係がありますか？　これらの質問に答えてから、何を追跡すべきかを決めましょう。不要なデータを追跡すると不確定要素の塊になります。不要になったものはイベントトラッキングから外しても構いません。

イベントデータだけに依存しないことが重要です。物理的な環境、周囲の音、ユーザーのやる気など、分析システムに影響を与える要因はさまざまです。こうした要因は、ユーザーのデジタル行動を見てもわかりません。

　外科手術用の精密部品の製造に使用されるタッチスクリーンを考えてみてください（図3.3）。タッチスクリーンではイベントを取得しています。オペレーターの画面操作を分析した結果、タップとタップの間の停止時間が長いことが判明しました。このことから、インターフェイスが使いにくいことが考えられます。しかし、使用環境を見てみると、実際に何が起きているかがわかりました。

図3.3　オペレーターは常に画面を見ているわけではありません（出典：MachineMetrics）

　機械の端には材料を投入するバーフィーダーがあり、機械の内部には複数の切削工具が設置されています。これによって金属を洗練された手術器具へと加工するのです。オペレーターはタッチスクリーンの近くにいるとは限りません。完成した部品を別のラックに移動したり、冷却タンクを満タンにしたり、他の場所で作業したりすることがあるからです。10メートルも離れていると、画面操作を完了させることはできません。つまり、画面操作はオペレーターの重要な作業ではなかったのです。

オペレーターと一緒に時間を過ごせば、オペレーターの作業の様子がわかります。意外かもしれませんが、それほど画面を見てはいないのです。

イベントトラッキングはリサーチクエスチョンを生み出すための強力なツールです。ただし、何を求めるべきか、どのように理解すべきかについては、きちんと見極める必要があります。たとえば、ECサイトの購入率を分析する場合、在庫のない商品を含めても意味がありません。それに、顧客が購入する理由まではわかりません。言い換えれば、イベントトラッキングを追加するだけでは、必要とする答えは得られないのです。データの意味を理解する必要があります。

3.4.2　セグメントとコホート

追跡しているすべてのユーザーが同じユースケースやパターンを持つわけではありません。ユーザーのサブセットのニーズを理解したければ、セグメントとコホートを使うといいでしょう。あなたが知りたいことに関係するユーザーにフォーカスしやすくなります。フォーカスすべき領域も特定しやすくなります。たとえば、英国と米国のユーザーにフォーカスしたい場合、それらをセグメント化しておけば、アジアや中南米のデータに気を取られることなく、ユーザーの行動を確認できます。

セグメントとは、ある基準（行動や属性）で編成されたユーザーのグループのことです。たとえば、年齢、課金額、訪問頻度、場所、使用しているブラウザなどでセグメント化できます。データを管理しやすく意味のあるサブセットにスライスするための「フィルター」であると考えることもできます。

コホートとは、ある期間に特定の行動を示したセグメントのことです。セグメントとは違い、ある時点のユーザーを特性ごとに分析できます。たとえば、サインアップ直後のユーザーの行動と、数か月間アクティブなユーザーの行動を比較できます。7月にサインアップしたユーザーのコホートや、10月1日から12月25日までに複数のおもちゃを注文したユーザーのコホートを分析することもできます。

コホート分析は、特定の期間内のユーザーの行動を調べる強力な方法です。Facebookの「10日間で7人の友達」を聞いたことがあるかもしれません。10日間で7人以上の友達を獲得したユーザーは、エンゲージメントの高いユーザーになりやすいというものです[5]。Zyngaも同じようなことを学びました。サインアップしてから1日以内に戻ってきたユーザーは、エンゲージメントの高いユーザーになりやすいそうです。Constant Contactのチームが学んだのは、トライアルユーザーから課金顧客になりやすいのは、自分自身にテストメールを送信したユーザーよりも、本物の顧客に本物のマーケティングメールを送信したユーザーであるということでした。

　行動に基づいたコホートを特定するのは難しいかもしれません。ここでは、ネットワーク密度（Facebook）、リピート使用（Zynga）、コンテンツ追加（Constant Constant）の例を紹介しました。まずは、任意の行動を開始地点として、コホートの行動を探ってみるといいでしょう。さらに、異なるグループの行動を比較すれば、問題を明確にするアイデアが思い浮かぶかもしれません。

　セグメントやコホートを使用するときは、顧客やビジネスに配慮する必要があります。クライアントに特定の行動を要請することは、あなたの利益にはなるかもしれませんが、クライアントの利益にはなりません。行動の強制は倫理的にも問題です。データを見るときも注意が必要です。コホート分析が相関関係を示したとしても、相関関係と因果関係は同じではありません。セグメントとコホートを他の視点と組み合わせることで、さらにわかりやすくなる可能性はあります。

3.4.3　ユーザーの声

　プロダクトを使用するユーザーの**行動**だけでなく、**感情**も見ることが重要

---

5 Chamath Palihapitiya, "How We Put Facebook on the Path to 1 Billion Users," YouTube (January 9, 2013), https://www.youtube.com/watch?v=ralUQP71SBU.

です。行動と感情のデータを組み合わせることで、プロダクトの周囲で発生していることや、問題の全体像をつかむことができます。**ユーザーの声**とは、あなたのプロダクトに対して、ユーザーが使用前・使用中・使用後に語ることすべてです。

　ユーザーの声を集めるひとつの方法は、サポートフォーラムです。プロダクトの問題について、他のユーザーと話し合える場所のことです。フォーラムはプロダクトの会社が設置していることもあれば、Redditのような公開プラットフォームに置かれていることもあります。問題を解決するためにプロダクトの会社の人がいることもあれば、いないこともあります。いずれにしても、フォーラムはユーザーの体験を学ぶのに最適な場所であり、さらに探索するための出発地点です。

　サポートフォーラムをカスタマーサービス主導にしたものが、カスタマーサクセスのチケットシステムです。たとえば、ヘルプデスクソフトウェアのZendeskがあります。これは、カスタマーサポートのチケットを追跡、優先順位付け、解決するものです。顧客はウェブサイト、モバイル、電子メール、Facebook、Twitter経由で、直接会社に連絡できます。カスタマーサポートのチケットシステムのデータを分析することで、顧客が苦労していることの貴重なインサイトを手に入れることができます。

　ソーシャルメディアもユーザーから直接データを収集できる優れた場所です。Twitter、Facebook、Instagramのコメントや質問からは、プロダクトの問題や成功について正確なデータを手に入れることができます。こうした投稿はユーザーが自ら発信したものであり、状況も記載されているので、その人がどのように感じているかを正確に把握できます。ただし、フォロワーからよく見られたいために、プロダクトの感想を歪めてしまう人もいます。注意してください。

　YelpやTripadvisorなどに苦情や称賛のレビューが書き込まれることもあります。こうしたサイトはデータが豊富です。レビューはソーシャルメディアよりもよく考えて書かれています。ただし、考えすぎている人もいます。

プロダクトを最後に使用してから、しばらく時間が経っていることがほとんどです。注意してください。

　規模の利益を持つ企業は、顧客の声をうまく活用しています。たとえば、ある大規模なマーケットプレイスは、毎年アンケート調査を実施して、その結果をもとに顧客と課題について話し合うそうです。また、ソーシャルメディアの言及を監視して、顧客の体験や感想のインサイトを手に入れているそうです。

　組織はさまざまな手段でユーザーの声を収集しています。また、調査・監視・分析にも工数をかけています。これは、有益なこともあれば、有害なこともあります。ユーザーの声を分析するチームがいるのは有益です。しかし、そのチームがプロダクトチームに組み込まれていなければ、ユーザーの声がプロダクトに届かないので有害です。

> ## 使用の視点：「チェックアウトページが古すぎます」
> --
> チェックアウトページの例を、使用の視点から洗練させてみましょう。「古い」と思うのは意見なので、まずはユーザーの声を調べてみます。**「古い」「昔」「時代遅れ」**などのキーワードで、チェックアウトページに言及しているソーシャルメディアの投稿を確認します。次に、ユーザーからのフィードバックやサポートリクエストのなかで、「チェックアウトページが古い」という意見があるか、それをユーザーが問題と思っているかを確認します。
>
> ここでは、ソーシャルメディアの投稿でチェックアウトページに関する不満を見つけたとしましょう。内容としては、競合他社にはない余計な入力フィールドがあるというものでした。また、サイトが古いというユーザーの声も多数見つかりました。次に、ソーシャルメディアの投稿者と不満を持つユーザーが同じセグメントやコホートかどうかを確認します。そして、そのグループの行動を調べます。同じ行動をしているのに、不満を言っていないユーザーがいる可能性はありますか？　新規のユー

ザーだから不満を言っているのでしょうか？　特定の競合他社と比較して不満を言っているのでしょうか？　使用期間が長いのに不満を言っているユーザーはいますか？　慣れているので古いままのほうがうれしいと思っているユーザーはいますか？　デザインが古いのでしょうか？誰が古いと思っていますか？　それを問題だと思っていますか？

調査の結果、不満を言っている2つのグループが明らかになったとしましょう。「競合他社のサイトも使っている新規のユーザー」と「注文頻度の低い既存のユーザー」です。この話の続きは、次のセクションで取り上げます。

3.5　事業の視点

「ビジネスモデル」「市場規模」「運用」の3つの概念を理解しておくと、たとえビジネスの学位を持っていなくても、ビジネスオーナーと直接仕事をしていなくても、リサーチにおけるビジネス面の判断ができるようになります。

3.5.1　ビジネスモデル

プロダクトとその提供方法（**ビジネスモデル**）は、リサーチクエスチョンの大きなインプットです。ビジネスモデルとリサーチクエスチョンに与える影響を理解すれば、絶好の機会がある場所を正確に特定できるようになります。

問題を洗練させるために、ビジネスモデルに基づいてプロダクトのさまざまな領域を検討しましょう。たとえば、ビジネスがトランザクションを扱う場合（ユーザーが何かを購入する場合）、取引のプロセスを確認することになるでしょう。「何がきっかけでユーザーはサイトに来たのか？」「何がきっかけでカートのサイズが決まるのか？」「何がきっかけでカートが破棄されるのか？」などを知りたいはずです。ビジネスモデルがSaaSの場合（ユーザーがシステムに登録して何かをする場合）、サイトのパフォーマンスやコ

ンバージョン率を確認することになるでしょう。訪問頻度、滞在時間、実行したアクションの種類などを知りたいはずです。また、解約率、アップセル、直近性にも機会領域があります。アプリは「有料のソフトウェア」という点でSaaSと似ていますが、機会領域は違っています。たとえば、ユーザー数、アンインストール、レーティング、レビューなどを確認することになるでしょう。

いくつかの問題は明確に定義されていて、比較的簡単に解決できます。こうした問題については、よりよい結果をもたらすソリューションをリサーチします。通常、ソリューションは既存のビジネスモデルに従ったものになります。たとえば、トランザクションビジネスにおいて、ある四半期の売上を伸ばしたい場合、取引につながる潜在的な顧客の関心を高める方法をリサーチすることになります。

一方で、あまり明確ではない問題もあります。単純なソリューションでは解決できないため、問題を理解するためにリサーチします。こうした問題は新しい機会であり、今後の成長につながるものなので、ソリューションは現在のビジネスモデルの外側にあるかもしれません。たとえば、トランザクションビジネスにおいて、SaaSビジネスの競合他社から顧客を獲得したい場合、新規にSaaSビジネスを立ち上げる長所と短所を現在のビジネスモデルと比較しながらリサーチすることになります。問題の範囲が広くなれば、既存のビジネスモデル以外の可能性も検討してください。

問題を現在のビジネスモデルと関連付けて考えれば、ビジネスインパクトを持つリサーチクエスチョンにたどり着きやすくなります。重要ではないことを追いかけることなく、価値のある領域にフォーカスできるでしょう。

3.5.2 市場規模

市場におけるプロダクトの機会を理解することは、問題を洗練させるもうひとつの重要なインプットです。すでに持っているデータから、プロダクトがフィットする市場がわかります。問題が成長分野に関するものならば、市

場を知ることは特に重要です。

　プロダクトの市場について議論するときは、一番大きなところから始めます。あなたのプロダクトやサービスが進出可能な市場規模（TAM: Total Available Market）はどのくらいですか？　言い換えるなら、地理的条件、競争力、リーチに問題がなかったとしたら、市場の総需要はどのくらいになるでしょうか？　たとえば、スポーツショップを経営している場合、TAMは世界のスポーツ用品市場になります。

　次に、一歩下がります。あなたのプロダクトを提供可能な市場規模（SAM: Serviceable Available Market）はどのくらいですか？　言い換えれば、リーチできる市場セグメントは何ですか？　リーチできる範囲は、地理的条件やサービスを提供できる範囲などによって決まります。たとえば、あなたのお店が町にひとつしかないスポーツショップだった場合、人口規模、レジャー活動、同程度の規模の町のスポーツショップの収益から見て、あなたが提供可能な市場規模はどのくらいになりますか？

　さらに、もう一歩下がります。獲得可能な市場規模（SOM: Serviceable Obtainable Market）はどのくらいですか？　言い換えれば、競争を考慮に入れたときに、現実的に獲得できるSAMの割合はどのくらいですか？

　次ページの図3.4は、これらの市場が入れ子になっていることを示しています。

　リサーチクエスチョンを作るときは、SAMを考慮することが重要です。TAMを中心にして（世界を相手にして）リサーチを計画すると、膨大なリソースがムダになります。リーチできる市場から取り組めば、そこからリサーチクエスチョンを作り、プロダクトに合ったユーザーをターゲットにできます。

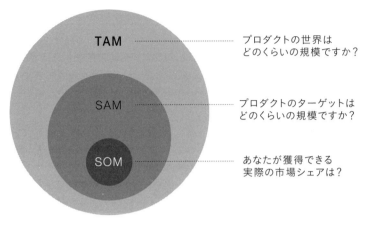

図3.4　TAM、SAM、SOM

3.5.3　運用

　運用とは、ユーザーのデジタル体験を継続させることです。デジタルプロダクトの「非デジタル」な部分です。運用を担当するチームは、ユーザーサポート、サービス品質の監視、発送と返品、IT全般、経理や財務などに責任を持ちます。裏側にある運用について知ることは、問題を組み立てる上で大きな利点があります。

　運用の視点は「ユーザーの声」とは違います。ユーザーの考えや行動を理解するというよりも、ユーザーの体験をサポートする負担を理解することになります。

　運用のパフォーマンスは、サービスの品質に直接影響を与えます。たとえば、オンラインのローン申請を考えてみましょう。申請フローは効率的で、価格設定には競争力があり、ウェブサイトは使いやすくなっています。しかし、顧客がサポートセンターに問い合わせたときに、ひどい対応をされました。あなたがこれまでに作り上げたものがすべて台無しです。

　アラスは以前、配送を重視しているEC企業で働いていました。競合他社は当日配送を提供していました。しかし、夜遅くに荷物が届くことがあり、

便利というよりも面倒でした。競合他社に負けてはいられないので、当日配送の時間帯を設定できるようにしたいと考えました。ロジスティクス、カスタマーサービス、フィールドサポート、財務を担当する各チームが集まり、ワークフローの変更に取り組みました。アプリの変更は、配送時間のドロップダウンとアナウンス用のポップアップの2か所だけでした。運用チームの大変な作業に比べるとわずかなものでした。

プロダクトやサービスの裏側を考慮すれば、リサーチで検討すべき多くのことがわかります。プロダクトの非デジタルな部分を支える人たちの経験を知れば、重要だが目に見えない課題を考慮した上で、問題を組み立てることができます。

事業の視点：「チェックアウトページが古すぎます」

チェックアウトページの例を、事業の視点から洗練させてみましょう。私たちのECサイトはトランザクションモデルで運用しています。つまり、ユーザーが訪問するたびに販売するモデルです。チェックアウトページが古くて魅力がないと思われると、購入してもらえなくなります。

ここでは、チェックアウトページにソフトウェアの強い依存関係が見つかったとしましょう。数年前、企業がデジタルに移行したとき、アウトバウンドセールスプラットフォームのベンダーが、法人向けの支払いページをECサイトに転用できると提案してきたのです。つまり、業務用の画面をエンドユーザー向けに「お化粧直し」するということです。EC事業をすぐにでも始めたかった当時の経営陣は、その提案を受け入れました。

それから何年も経ち、企業のニーズは変わっていませんが、ユーザーはもっと新しく、高速な、合理化された体験を求めるようになりました。どうすればいいのでしょうか。この話の続きは、次のセクションで取り上げます。

3.6 専門の視点

デジタルプロダクトは何十年も前から存在しています。ベストプラクティスが存在し、UXに関する学術的・実践的なリサーチが数多くあり、ユーザーの期待と市場の状況を要約できる優れたアナリストもいます。既知の事実を再発明して時間をムダにするのではなく、こうした知識体系を利用して問題を洗練させましょう。

3.6.1 ヒューリスティック分析

ヒューリスティック分析（エキスパートレビュー）とは、既知のUXベストプラクティスでプロダクトをレビューする構造化された方法です。最も一般的な形式は、3〜5人のユーザビリティやデザインの専門家に、プロダクト（またはプロトタイプ）のデザインが現在のベストプラクティスに合っているか、意見を求めるというものです。あるいは、一般的なヒューリスティックチェックリストを使うこともできます（コラム「一般的なヒューリスティックチェックリスト」参照）。主観的なプロセスになりますが、比較的すばやくプロダクトを改善できる優れたデータソースです。あらかじめ言っておきますが、ヒューリスティック分析は100％正確なものでも、完全なものでも**ありません**。そこが重要です。

一般的なヒューリスティックチェックリスト

- -

- Nielsenによる10のユーザビリティヒューリスティックス
  （https://oreil.ly/mGLl3）
- インタラクションデザインの第一の原則
  （https://oreil.ly/kGOZv）
- Ben Shneidermanによる8つのゴールデンルール
  （https://oreil.ly/xSf5y）
- ユニバーサルデザインの7つの原則（https://oreil.ly/q4-Kp）

ヒューリスティック分析をするには、ビジネスとユーザーのニーズと、その2つがどのように連携するかを理解する必要があります。ユーザーがプロダクトで実行しているタスクのことを考えて、優先順位を付けてください。次に、ヒューリスティックに体験を評価します。ユーザーの目的を考えてみましょう。ヒューリスティック分析に使える質問をいくつか紹介します。

　　ユーザーは、期待する結果をどのように達成しようとしますか?

　　ユーザーは、利用できるアクションをどのように確認しますか?

　　ユーザーは、期待する結果とアクションをどのように結び付けますか?

　　ユーザーは、期待する結果の進捗をどのように確認しますか?

　複数の専門家に依頼している場合は、それぞれの結果を比較して分析します。可能であれば、分析の違いについて話し合ってもらいましょう。複数の専門家が同じ問題を発見することもあれば、一人の専門家が発見することもあります。専門家に根拠を聞いておけば、あなたのアイデアや思い込みを再考するときに役立ちます。

　ヒューリスティック分析には限界があります。たとえば、プロダクトのすべての問題を発見できない可能性があります。また、ヒューリスティック分析は、問題の修正方法や再デザインによる品質の評価方法を提供していません。ただし、これらは問題を組み立てるときの限界ではありません。ヒューリスティック分析を少しでも試してみれば、リサーチクエスチョンにフォーカスできるはずです。

3.6.2　既存のリサーチ

　プロダクトリサーチの最大の目的は、多くの時間やリソースを投入せずに、インサイトを手に入れることです。したがって、リサーチが難しくならないように問題を組み立てることが重要です。場合によっては、すでに誰かが

やっていることもあります。つまり、あなたが興味のある問題やよく似た問題は、誰かのリサーチの対象になっているかもしれません。既存のリサーチを調査すれば、自分のリサーチクエスチョンにフォーカスできます。

内部にある既存のリサーチ

　既存のリサーチは2種類あります。ひとつは組織の内部にある既存のリサーチです。たとえば、隣の部署の誰かが似たような問題を調べていた可能性があります。その結果を確認すれば、問題を組み立てるための追加情報になるでしょう。ただし、リサーチが完結していなかったり、結果があまり役に立たなかったりすることもあります。それでも、その人に話してみると役に立つことがあるかもしれません。

　「ユーザーの声」で紹介した大規模なマーケットプレイスの例を紹介しましょう。2017年の課題リストのなかで優先順位が高かったのは、顧客が販売者を見つける方法を販売者が理解していないことでした。顧客に見つけてもらうには、販売者は目立つ必要がありますが、その方法がわかっていなかったのです。これはプラットフォームにとっても大きな問題でした。顧客が販売者を見つけるシステムをすでに6つも用意していたからです。しかし、アンケート調査によって、これらのシステムが機能していないことがわかりました。販売者を担当するUXチームは、このアンケート調査を使って、自分たちのマーケティングをレビューしました。そして、販売者のマーケティングとサポートプロダクトを改善するリサーチプロジェクトを開始しました。

　第8章と第9章では、組織の全員がリサーチにアクセスできるようにすることを説明します。そうすれば、誰もが過去のリサーチを参考にできます。

外部にある既存のリサーチ

　既存のリサーチのもうひとつは、外部にあるリサーチです。たとえば、他社が（ブログ記事などに）公開したリサーチ結果や、リサーチ会社のデータベースなどがそうです。なかには具体的なリサーチクエスチョンが設定され

た、前述のヒューリスティック分析の結果のようなものも公開されています。
これらのリサーチ結果から、あなたの思い込みを検討することができます。
場合によっては、リサーチクエスチョンの答えが見つかることもあります。
他社のプロダクト、ユーザー、ビジネスモデル、目的、リサーチクエスチョ
ンは、あなたのものとは違うため、すべての結果を適用できるわけではあり
ません。それでも、他の誰かが同じような道を歩いていれば、そこから多く
のアイデアが得られます。

専門の視点：「チェックアウトページが古すぎます」

チェックアウトページの例を、専門の視点から洗練させてみましょう。
チェックアウトページは業務用の画面を「お化粧直し」したものでした。
これが本当に問題なのかを確認するために、競合他社とのプロダクトの
違いをベンチマークしてみましょう。ヒューリスティック分析を利用して、
入力フィールドの数、文言のトーン、エラーメッセージ、ビジュアルデ
ザインを比較します。アナリティクスパッケージを利用して、画面解像
度やデバイスの分布を調べ、よく使われている画面サイズとデバイスを
比較します。ユーザーの期待を知るために、既存の市場データに基づいて、
ユーザーがよく使用している他のサイトやアプリも対象にします。

その結果、ビジュアル面の課題と不要な入力フィールドが見つかったと
しましょう。サポートチームにこれらの問い合わせがあったかどうかを
確認しました。その後、3つの視点で検討した結果、私たちがチェック
アウトページを不安に感じるのはなぜか、どこに問題があるのかが判明
しました。次のセクションでは、これらの改善点をリサーチクエスチョ
ンに変えます。

3.7　QFTを使ったリサーチクエスチョンの作成

　第1章で説明したように、プロダクトリサーチから意味のある結果をもた

らすためには、インサイトを生み出すマインドセットと具体的で興味深いリサーチクエスチョンを作るプロセスが不可欠です。入手可能な情報を使って問題を洗練させるために、いくつかの視点を検討しました。問題を洗練させるのと同じくらい重要なのが、問題をリサーチクエスチョンとして表現することです。優れたリサーチクエスチョンとは、フォーカスしていて、オープンエンドで、先入観がなく、答えられるものです。

リサーチクエスチョンを作るときには、Right Question Institute の QFT（Question Formulation Technique）を使うといいでしょう*6。これは、誰でも優れたリサーチクエスチョンを作成できる、シンプルながらも厳密なプロセスです。

QFT は発想の刺激から始まります（**QFocus** と呼ばれます）。QFocus は初期の調査で収集したデータ（発言、フレーズ、画像など）の場合もあります。ここでは、発散的な思考が奨励されます。できるだけ多くの選択肢を検討して、創造的に考えられるようにします。そして、「使用」「事業」「専門」の視点から、関連する問題を含めて再検討します。本章で使用してきた例のQFocus は「チェックアウトページが古すぎる」です。各セクションでこのテーマについて説明し、リサーチクエスチョンを洗練させる方法を示しました。

ここを出発点にして、すぐにチームで集まることが重要です。創造性とオープンマインドを忘れないでください。全員にできるだけ多くのリサーチクエスチョンを発表してもらいましょう。話し合いを始めたり、良し悪しを判断したり、リサーチクエスチョンに答えようとしたりしてはいけません。これ以上続けられなくなるまで、リサーチクエスチョンを出し続けましょう。また、発言通りに**正確**に書き留めることも重要です。自分の都合に合わせて

---

6 ここでQFTについて言及するのは、シンプルかつ協調的なものだからです。詳細については、Right Question Instituteのサイト（https://oreil.ly/WGJvQ）をご覧ください。Sudden CompassによるIntegrated Data Thinking（https://oreil.ly/MTU0D）やTwigとFishによるNCredible Framework（https://oreil.ly/6_y-L）など、リサーチクエスチョンを洗練させるフレームワークは他にもたくさんあります。

言い換えたりしないでください。そのようなことをしていると、方向性が変わったり、フォーカスが歪められたりします。QFTを使用するたびに、オープンで協力的な気持ちをチームに思い出してもらいましょう。

　次に、チームでリサーチクエスチョンを確認します。そこからどのような答えを引き出せるでしょうか？　オープンクエスチョンになっていますか？　クローズドクエスチョンだとしたら、オープンクエスチョンに変更できますか？　その逆はどうですか？　もっと改良できそうでしょうか？

　これは、リサーチクエスチョンを改善することが目的です。ここでは、収束的な思考が奨励されます。あなたの目的に最適なリサーチクエスチョンはどれですか？　どれを優先すべきですか？　答えがビジネスの価値を明らかにして、優れたインサイトを生み出せるようなリサーチクエスチョンを2つか3つに絞り込みましょう。そして、そのなかからあなたが求めるリサーチクエスチョンをひとつだけ選びます。

3.8　試してみよう：優れたリサーチクエスチョンか？

　次ページの表3.1に問いを列挙しています。これらは優れたリサーチクエスチョンでしょうか。判断基準がわからないでしょうから、まずは原則を見ていきましょう。

　バイアスはないか？

　隠された意図はないか？

　インサイトを生み出すマインドセットや失敗を恐れないマインドセットがあるか？

　アンチパターンになっていないか？

表の右側を隠してから、チームに答えを共有してもらいましょう。その後、右側を見せてから、チームで話し合いましょう。

　リサーチは問いから始まります。知っていると**思い込んでいること**ではなく、実際に知っている情報に基づいた問いです。そのためには、既存のデータから問題を組み立て、問題を洗練させていきます。プロダクトの使用状況を確認したり、ユーザーの考えを共有してもらったり、ベストプラクティスを検討したりすることは、すべてリサーチクエスチョンを作成するデータになります。また、ビジネスモデル、市場規模、運用の視点から機会を分析すれば、価値のあるリサーチクエスチョンを作成できます。インサイトを生み出すマインドセットを持ち、リサーチクエスチョンを明確に表現すれば、プロダクトやユーザーにインパクトを与えるリサーチになるでしょう。

表3.1: 優れたリサーチクエスチョンか？

問　い	優れたリサーチクエスチョンか？
今日の気分は いかがですか？	これはリサーチクエスチョンではありません。あまりにも具体的であり、一時的なものだからです。ただし、インタビューの質問にはなります。ラポールを築くために最初に聞くといいでしょう。
ATMが使いにくい 理由は何ですか？	第1章の問題発見のマインドセットを覚えていますか？　問題にのみフォーカスしていて、バイアスなく物事を見ていません。「ATMをどのように使っていますか？」「ATMを使用した体験はどのようなものですか？」にするといいでしょう。
店舗とオンラインの買 い物の体験はどのよう に違いますか？	これは優れたリサーチクエスチョンです。誘導的ではなく、オープンエンドであり、インサイトを生み出すのに十分な広がりを持っています。
人々がキャンプに行く 直前の買い物で、私た ちのアプリを使うで しょうか？	これは「はい」「いいえ」の質問です。「好かれたい」というバイアスも少し見えます。「人々」とは誰でしょうか？　「レジャーキャンプをする人たちは、キャンプに行く直前の買い物で私たちのアプリをどのように使っていますか？」「レジャーキャンプをする人たちは、キャンプに行く直前の買い物をどのようにしていますか？」にするといいでしょう。

最適化されたホームページにある再デザインされたバナーをユーザーがクリックしないのはなぜですか？	良い悪いというよりも、とにかく見苦しいです。これは確認のマインドセットです。ユーザーのためのプロダクトであると言いながら、恩着せがましく、自己中心的で、見せかけの好奇心にとらわれています。

リサーチクエスチョン：「チェックアウトページが古すぎます」

チェックアウトページが古いというのは直感でした。「使用」「事業」「専門」の視点から直感を検討して、問題を組み立て、既存のデータから興味深い情報を見つけました。

- 全員がチェックアウトページが古いと思っているわけではない。
- 競合他社のプロダクトを使用している新規ユーザーは、チェックアウトページが古いと感じている。
- 頻繁に購入していないユーザーも、チェックアウトページが古いと感じている。
- 技術的な観点からすると、チェックアウトページは確かに古い。何年も前の支払い方法のままになっていて、最近のUXを取り込んでいない。
- チェックアウトのなかでも、支払いページが特に複雑である。
- ビジュアルを改善する余地がある。どれも致命的なものではないが、現代的なUXを提供できる可能性がある。

これらを見ながら、チェックアウトページの変更によって影響を受ける人たちを集めます。元になるデータを提供した人も含まれるでしょう。QFTアプローチを使用して、バイアスがなく、オープンエンドで、フォーカスされたリサーチクエスチョンをできるだけたくさん作ります。以下にいくつか例を示します。

- ユーザーは、どのようなデジタル体験が現代的だと感じますか？

- ユーザーは、ビジュアルをどのように比較していますか？
- ユーザーは、チェックアウトページについてどのような意見を持っていますか？
- 既存のユーザーは、シンプルで合理的なチェックアウトページにどのような反応を示しますか？

私たちのチームは、上記から最も関連性の高いリサーチクエスチョンを選びました。これで計画を立てることができます。

3.9　現実世界で見るルール：いかにしてプロダクトマネージャーがデータサイエンスを導入したか？

　銀行振込による授業料の支払いは、費用と時間がかかり、わかりにくいものです。なかでも留学生はストレスを感じています。そこで、ある決済企業が国際送金を簡単にすることをミッションにしました。

　この企業の元プロダクトマネージャーの話です。彼女は着任早々、大きな仕事を与えられました。お金の流れを見つけるというものです（大きすぎますね！）。最初の数週間はサポートチームに話を聞きました。すると、ユーザーが苦労しているところ、サポートを必要としているところ、混乱しているところがわかりました。

　次にデータサイエンスチームに話を聞きました。そして、最近のトランザクションの傾向を確認しました。彼らが最初に見つけたインサイトは、コンバージョン率が低いというものでした。つまり、成功したトランザクションがわずかなのです。もうひとつのインサイトは、成功したトランザクションはモバイルデバイスで開始され、デスクトップで終了しているというものでした。興味深い話でしたが、データサイエンスチームは理由を把握していませんでした。

次にリサーチスプリント（時間内に学習とプロトタイプ開発をするプラクティス）を開催して、留学生と話をすることにしました。会社の近くに大学がいくつもあったからです。授業料の支払い方法について、学生にインタビューしました。そのなかで、学生がどのようにプロダクトを使うのかを学びました。

　その結果、2つのインサイトが得られました。まず、モバイルデバイスで開始され、デスクトップで終了している理由です。学生（通常は17〜18歳）が大学から支払いメールを受け取るのはスマホなので、モバイルデバイスでプロセスが開始されていました。しかし、学生が持っていない情報（納税者番号や銀行の口座番号など）が必要になるため、プロセスの途中で行き詰まります。そして、親が喜びそうな文面（「お母さんお父さん、元気？　これ払っといてくれる？　ありがとう！　大好きだよ！」）を書き添えて、両親に支払いメールを転送します。

　もうひとつのインサイトは、プロセスに2種類の人が関わっていることでした。当時、このプロダクトは「学生ユーザー」と「親ユーザー」を区別していませんでした。さらには、親は銀行で振込をするため、この決済会社はトランザクションから完全に切り離されていたのです。これでコンバージョン率が低いことが説明できました。それと同時に、プロダクトの体験に深刻な問題があることが浮き彫りになりました。また、高等教育の市場に大きな機会があることもわかりました。

　これらのインサイトをもとに、プロダクトマネージャーが情報をまとめ、ソリューションの仮説を立て、チームで実験を開始しました。その結果、会社が飽和状態であると考えていたセグメントのコンバージョン率と利益が大きく増加しました。必要だったのは「お金の流れ」を見つけるという、簡潔ながらよく考えられた厳密なリサーチでした。彼女はこのアプローチを何度も繰り返して会社の習慣にしました。その後、彼女は会社を辞めましたが、今もこの習慣は残っています。

3.10 重要なポイント

◎すべてのリサーチは、ひとつの問いから始まります。

◎問いは実際に知っていること（データ）に基づくべきです。

◎イベントトラッキング、ユーザーの声、ヒューリスティック分析、セグメントとコホートを使って、ユーザーの行動データから顕著な行動を発見します。

◎ビジネスモデルとリーチ可能な市場から機会を組み立てます。

◎サービスの見えない部分を担当している人たちの経験から、インパクトの高い隠れた領域を見つけます。

◎QFTを使用して、ビジネスにおいて最も価値のあるリサーチクエスチョンを定義します。

「撃て」だけよりも、「構え、狙え、撃て」
のほうが優れているとしたら、
どうしますか？

第**4**章 | Rule 4.
計画があれば
リサーチはうまくいく

　「はじめに」では、リサーチをしないことの言い訳について触れました。言い訳をする人たちの多くは、リサーチに失敗した経験がある人たちです。リサーチを成功させるには計画が必要です。しかし、計画は外からは見えないため、プロダクトリサーチに詳しくない人も「当たり前だ」と思うかもしれません。

　「撃て」だけよりも、「構え、狙え、撃て」のほうが優れているとしたら、どうしますか?

　本章のテーマは計画です。リサーチ手法の選択、参加者の探し方、ペアでの作業、フィールドガイドの準備、関係者の巻き込み方などを説明します。また、問題が発生したときの対処法についても説明します。

4.1　リサーチ手法の選択

　兄弟や友達に風邪の症状が出ているとしましょう。具合の悪さをあなたはどうやって知ろうとするでしょうか。おそらく本人に聞いてみるでしょう。CTスキャンを使うことはないはずです。しかし、肺まで感染しているようなら、本人に具合を聞くよりも病院で検査したほうが適切です。

リサーチをどのように実施すべきかは、あなたが何を知りたいかによって決まります。リサーチクエスチョンに適したリサーチ手法を選択する必要があります。風邪の人にCTスキャンを使うのは、プロダクトの料金を決めるためにユーザビリティ調査をするようなものです。肺まで感染しているかどうかを本人に聞くのは、カートを破棄した理由を知るためにアンケート調査をするようなものです。リサーチクエスチョンが違えば、必要な手法も違います。医療と同じように、間違ったプロセスを選択すると重要なことを見逃してしまいます。

プロダクトリサーチでは、ユーザーリサーチと市場調査をプロダクトアナリティクスと組み合わせ、プロダクトのデザインや改善方法のインサイトを手に入れます。これら3つのリサーチ分野には、複数のサブカテゴリーがあります（「はじめに」参照）。そのなかからどれを採用するかは、リサーチクエスチョンによって決まります。あなたは何を知りたいですか？　その理由は何ですか？

プロダクト開発におけるリサーチ手法とその使用方法には、さまざまな哲学とフレームワークがあります[1]。フレームワークとは、リサーチ手法を選択しやすくするためにグループにまとめたものです。グループは2つの質問に基づいています。使用するリサーチ手法を決めるために、以下の2つの質問に答えてください。

● 問1：

現在のプロダクト開発のステージはどこですか？

● 問2：

リサーチクエスチョンに答えるために、何を理解する必要がありますか？　個人レベルの思考と行動ですか？　大規模レベルのニーズや動機

1　Sam Ladnerの著書『Mixed Methods: A short guide to applied mixed methods research』（https://www.mixedmethodsguide.com）とChristian Rohrerのリサーチ手法の分類法（https://oreil.ly/tyhK8）が参考になりました。

ですか？　時間経過に伴う使用パターンですか？

　表4.1は、リサーチの種類をまとめたものです（プロダクト開発のステージやリサーチの種類について復習が必要であれば、「はじめに」まで戻ってください）。

　表4.1を見れば、リサーチクエスチョンに合った手法を選択できます。たとえば、プロダクトをリリースしようとしていて、ターゲットユーザーに共感されるマーケティングメッセージを知りたければ、市場調査のサブセットを見ればいいのです。生成的なユーザーリサーチを見る必要はありません。

表4.1　プロダクト開発のステージとリサーチクエスチョンの性質から見たリサーチ手法

ステージ	理解したいこと	提案するアプローチ	提案する手法
ステージ 1	思考と行動	生成的 ユーザーリサーチ	エスノグラフィック調査、コンテクスチュアルインタビュー、参加型デザイン
		記述的 ユーザーリサーチ	インタビュー、コンテクスチュアルインタビュー、日記調査、ユーザーセッションの動画再生
	ニーズと動機	記述的市場調査	インタビュー、アンケート調査
ステージ 2	思考と行動	記述的 ユーザーリサーチ	インタビュー、コンテクスチュアルインタビュー、日記調査、ユーザーセッションの動画再生
		評価的 ユーザーリサーチ	ユーザビリティ調査、多変量（A/B）テスト、アンケート調査
	ニーズと動機	探索的市場調査	二次/デスクトップ検索、ベンチマーク、インタビュー、競合分析
		記述的市場調査	インタビュー、アンケート調査
		予測的市場調査	コンジョイント分析
	使用パターン	診断的 アナリティクス	データのドリルダウン、相関分析、因果分析

	思考と行動	評価的 ユーザーリサーチ	ユーザビリティ調査、多変量 (A/B) テスト、アンケート調査、 アイトラッキング調査
ステージ 3	ニーズと動機	探索的市場調査	二次／デスクトップ検索、ベンチ マーク、インタビュー、競合分析
		記述的市場調査	インタビュー、アンケート調査
		因果的市場調査	多変量 (A/B) テスト、フィールド トライアル
		予測的市場調査	コンジョイント分析
	使用パターン	記述的 アナリティクス	コホート分析、セグメンテーショ ン、ファンネルまたはクリックスト リーム分析、海賊指標 (AARRR) *2
		診断的 アナリティクス	データのドリルダウン、相関分 析、因果分析
		予測的／処方的 アナリティクス	回帰モデリング、機械学習、相 関分析や因果分析の実験

表4.1は選択肢を提供してくれますが、適切なリサーチ手法を示している
わけではありません。複雑な状況を正確にモデル化するには考慮すべき変数
が多すぎるため、単一のリサーチフレームワークでは実現できないでしょう。

とはいえ、選択肢を減らすために見るべき変数がいくつかあります。

フォーカスグループは？

フォーカスグループを忘れたわけではありません。あえて除外しました。

---

2 Dave McClure, "Startup Metrics for Pirates: AARRR!," Master of 500 Hats (September 6, 2007),
   https://500hats.typepad.com/500blogs/2007/09/startup-metrics.html.

私たちはフォーカスグループを提案することはほとんどありません。フォーカスグループから優れたインサイトを手に入れるのは非常に難しいからです。

フォーカスグループでは、複数人で質問に答えたり、議論したりします。全員が参加できるように、モデレーターが司会をします。1人と1時間話す代わりに、同じ時間で10人と話せるのですから、表面的には悪くないように思えます。しかし、フォーカスグループのフィードバックの質は、インタビューと比べると大幅に下がります。参加者の人数が増えると、司会も難しくなります。人間関係のダイナミクスは、セッションでも制御する必要がありますし、分析のときにも考慮する必要があります。また、フォーカスグループの参加者は企業から依頼されて考えを共有するわけですから、そこには社会的望ましさのバイアスがかかります。つまり、モデレーターが聞きたいであろうと思うことを話すというバイアスです。大勢がガラス張りの会議室で会話をしていても、共感的な絆を築くことは困難です。

モデレーターが経験豊富でない限り、他のリサーチ手法を使用しましょう。

4.1.1　必要なスキルと利用可能なスキル

あなたは手法に必要なスキルを持っていますか？　持っていなければ、スキルのある人を見つけられるでしょうか？　いくらかかりますか？　いつから利用可能ですか？　自分で使える手法か、すぐに外部のサポートが得られる手法を選ぶことになるでしょう。

4.1.2　手法のコスト

手法のコストはいくらでしょうか。金銭的なコストを指すこともあれば、機会費用を指すこともあります。多くのチームがユーザビリティ調査を実施

しようとしますが、必要な労力を過小評価しています。参加者がサポートなしで使えるプロトタイプを用意するのは簡単なことではありません。プロトタイプには基本的なユーザーフローも必要になります。それを用意するのも簡単なことではありません。静的な画面を見せてフィードバックが得られるならば、プロトタイプに力を入れる必要はありません。時間をかけて見た目をよくする必要もありませんし、エッジケースに対応する必要もありません。できるだけコストの安い手法を選びましょう。

4.1.3　募集のコスト

　手法によって参加者の種類が違います。参加者の種類は、手法の性質と参加者に求めるものによって決まります。そして、募集が簡単な手法と、簡単ではない手法があります。手法を選ぶときには、募集のしやすさも考慮に入れましょう。ただし、それを意思決定の主な要因にしてはいけません。間違った結論を導く可能性があります。このことについては、次のセクションで詳しく説明します。

　適切な手法を選択すれば、労力に対してリターンが得られます。間違った不適切な手法を選択すれば、コストのかかる貧弱なインサイトが得られます。あなたの問いに答えられる手法を選択すれば、効率的にインサイトが得られるでしょう。

4.1.4　試してみよう：手法を選択する

　表4.2は、架空のプロダクトチームのリサーチクエスチョンとそれを思いついたステージです。私たちがあらかじめ手法を選択しておきました。表の右側を隠してから、各リサーチクエスチョンで学びたいことと使える手法を考えてください。

表4.2: リサーチプロセスの各ステージにおけるリサーチクエスチョン

リサーチクエスチョン とステージ	学びたいこと (思考と行動、 ニーズと動機、 使用パターン)	手法の例
お金を節約することの感情的な側面はどのようなものか? (ステージ1)	思考と行動 (おそらく ニーズと動機も)	生成的ユーザーリサーチまたは探索的市場調査になります。インタビューまたは日記調査が使用できるでしょう。
コンバージョン率の低下につながる経路はあるか? (ステージ3)	使用パターン	ユーザーがどのように移動しているかを詳細に分析する必要があります。診断的アナリティクスが有効でしょう。未来のことではないので、予測的アナリティクスではありません。
アジア太平洋地域でプロダクトの需要を促進できるものは? (ステージ3)	ニーズと動機	幅広いリサーチクエスチョンなので、探索的市場調査か記述的市場調査で答えられるでしょう。デスクトップ検索、ベンチマーク、アンケート調査などの手法があります。
カテゴリーの階層化は、ユーザーのナビゲーションにどのように影響するか? (ステージ2)	思考と行動	新しいナビゲーションによって引き起こされる行動を探しているので、ユーザビリティ調査のような評価的ユーザーリサーチの手法が適切でしょう。

4.2　参加者を見つける

　あなたが航空機のメンテナンスシステムを構築しているとしましょう。プロトタイプをテストする相手は花屋さんでしょうか。楽しい調査になるかもしれませんが、そこから学べることはありません。GIFアニメにされるようなコメディーになる可能性もありますが、みんなの時間がムダになるでしょう。路上でランダムな相手にプロダクトをテストしてもらうのは、これと同じことをしているのです。つまり、ユーザーとは関係のないニーズを持つ人

たちの情報を求めているのです。では、プロダクトに適したユーザーをリサーチするには、どうすればいいのでしょうか。

参加者を見つけることが、プロダクトリサーチの最初の一歩です。近所のカフェに行けば見つかるというものではありません。協力してくれる参加者を募集して、そのなかからリサーチに適した人を絞り込むことが重要です。

4.2.1　陥りやすい参加者の罠

第2章で説明した可用性バイアスを覚えているでしょうか。どうしても声をかけやすい人を対象にしがちですが、残念ながらそれでは良い結果は得られません。アラスが有名なデザイン会社とプロジェクトに取り組んだときのことです。ここでは、RBA社（Really Big Agency：本当に大きな会社）と呼びましょう。RBA社はインターフェイスデザインは得意でしたが、顧客からフィードバックを得ることは苦手でした。アラスのチームは、RBA社にユーザビリティ調査を依頼しました。RBA社のチームは、プロトタイプを同僚や家族に見せたようです。そして「問題はありませんでした」と報告しました。アラスのチームはその報告に納得できず、自分たちでユーザビリティ調査を実施しました。結果はひどいものでした。15人の参加者のなかで、RBA社が考えた華々しいダッシュボードを使っていたのは誰もいなかったのです。

同僚や家族はあなたが聞きたいことを言ってくれますが、リサーチで学びたい思考と行動は示してくれません。彼らの話を聞いていたら、時間とお金がムダになり、プロダクト開発が貧しくなるでしょう。適切な参加者を募集して、求めるようなユーザーが見つかれば、時間とお金を節約できます。貧しさからも抜け出せるでしょう。

4.2.2　慎重な選択：スクリーニングプロセス

スクリーニングとは、参加者がリサーチに関する情報を提供できるかどうかを判断することです。**スクリーナー**とは、そのための簡単なアンケートで

す。優れたスクリーナーは短くて簡単に答えることができます。通常はいくつかの多肢選択式の設問で構成されています。

年齢、性別、職業なども聞きたくなりますが、こうした属性データはリサーチクエスチョンに直接関係している場合か、参加者の分布を知りたい場合に限定してください。それよりも思考と行動について聞きましょう。適切な参加者かどうかを判断するには、最近の活動や意見を聞いたほうが早いですし、信頼性も高いです。

スクリーナーを作るときは、既存のユーザーを基準に考えると簡単です。セグメントやコホート（第3章参照)から考えてみましょう。たとえば、コーチングアプリであれば「すでに何らかのアプリを使っているコーチ」になります。複数のグループをターゲットにすることもできます。ターゲットが決まったら、属性データからではなく、客観的な行動から参加者を絞れるように設問を作りましょう。

募集する参加者の情報は、すでに目の前にあるかもしれません。あなたが持っているデータです。リサーチクエスチョンを決めるためにデータを分析したと思います。プロダクトの使用状況、過去の履歴、属性データは、情報として持っているはずです。これらのデータは、スクリーナーと同様の働きをします。

リサーチに慣れていないチームは、インサイトを手に入れるために数百人と話をする必要があると思っています。部分的には正しいですが、募集する人数は使用する手法で決まります（使用する手法はリサーチクエスチョンで決まります）。相手が紛争難民であれば、数人と話しただけでも驚くべきインサイトが得られるでしょう（使用する手法はインタビューなど）。一方、新しいデザインのコンバージョン率を確認するには、数千人から場合によっては数百万人のユーザーにリーチする必要があります（使用する手法はA/Bテストなど）。

行動につながる刺激的なインサイトを手に入れるために、参加者の人数は

関係ありません。たとえば、あるユーザーがプロダクトの前提を揺るがすような使い方をしていたとしましょう。たとえ一人であっても「他の人はそんな使い方をしないので、それは何かの間違いですね」と否定するべきではありません。

4.2.3　参加者を追跡する

　事前に参加者からデータを収集してスクリーニングすれば、リサーチのニーズに合った人にたどり着くことができます。ただし、収集したデータは機密性が高い可能性があります。参加者のプライバシーは守らなければいけません。

　参加者の情報には、メールアドレス、住所、電話番号などの個人情報が含まれていることがあります。リサーチの種類によっては、性的指向、宗教的信念、政治的姿勢、収入などの機密性の高い個人情報も含まれています。こうしたデータへのフルアクセスは、数人程度に制限する必要があります。参加者には英数字などの短い識別子を付けておきましょう。識別子はメモをとるときや分析するときに使います。データにフルアクセスできる人は、リサーチプロジェクトのニーズに応じてデータをフィルタリングしなければいけません。同僚に共有するデータは、リサーチに関連する部分だけにします。

　参加者にリサーチに協力してもらうときは、データベースにメモを書いておきましょう。同じ参加者に（短期間で）何度も協力を依頼しないためです。その理由はバイアスです。何度もリサーチに協力していると、参加者は「自分のプロダクトの使い方が優れていた」「前回の調査結果が素晴らしかった」「自分のアイデアを気に入ってくれた」などと思ってしまいます（バイアスを持った参加者と社会的望ましさについては、第2章で説明しました）。調査の間隔をあけることで、こうしたバイアスを制御できます。その間隔はプロダクトやリサーチによって異なりますが、ほとんどのチームは半年程度はあけているようです。

　参加者を追跡すれば「インセンティブハンター」を取り除くこともできま

す。報酬をもらうためだけにリサーチプログラムに参加する人たちのことです。彼らは参加資格があるように見せるために、ウソの答えを出すのが上手です。それだけでなく、本来ならば適切なフィードバックを提供してくれたかもしれない参加者の席も埋めてしまいます。インセンティブハンターに遭遇したら、データベースにメモしておきましょう。別の名前やメールアドレスを使用して、報酬を狙おうとする人もいるので気を付けましょう。疑わしいと思ったら、直接連絡してスクリーニングしましょう。

プロジェクトごとに新規に参加者を募集していると、時間と費用がかかります。何度も募集できるユーザーグループを作っておくと、短期間で効率的に複数の調査ができます。このようなグループを**リサーチパネル**と呼びます。作るのは大変ですが、ユーザーを見つけるまでの時間が短縮され、社内の全員が簡単にリサーチできるようになります。第9章では、ファッションEC企業のZalandoの事例を紹介します。

4.2.4　感情的な報酬を見つける

インタビューやユーザビリティ調査のためにスクリーニングするときは、ある特別なグループを見つけるようにしましょう。それは、自分の意見や経験を自発的に共有したいと思っている人たちです。

参加者に提供できる報酬は何でしょうか？　20ドルのギフトカードですか？　ギフトカードも悪くはありませんが、自発的に意見を共有したい人たちにリーチすれば、エンゲージメントの高い参加者を獲得できます。ただし、ポジティブな意見もあれば、ネガティブな意見もあります。両方のフィードバックにオープンになってください。

C.トッドが、MachineMetricsで製造業向けのプロトタイプのテストをしていたときのことです。テストは単なる手順のひとつではなく、誰かの問題を解決していると思ったので、20ドルのギフトカードではなく、ニーズに合わせたプロトタイプを提供することとしました。そうすると、それまでに何年も話を聞いてきた大勢の人たちを失いました。つまり、彼らは品質向上の

ためではなく、経済的な取引のために調査に参加していたのです。報酬だけが参加者のメリットにならないように、あなたが解決したいと思っている問題を抱えた人を見つけましょう。

このアプローチの欠点は、選択バイアスの可能性（参加者に偏りが出る可能性）です。これを回避するために、参加者の思考、最近の問題、プロダクトを使ってうれしかった瞬間などをスクリーナーの設問に追加しておきましょう。

スクリーニングプロセスをシンプルにするために「4.2.5 ユーザーがいる場所に行く」を試してみてください。

4.2.5　ユーザーがいる場所に行く

数年前、C.トッドがアスリートのコーチを対象としたアプリ（Beachbodyではありません）を開発するチームと話をしたことがあります。調査の結果、アプリの対象は持久力が必要なアスリートのコーチであることがわかりました。この違いがわかっていなければ、ユーザーに到達できなかったでしょう。ユーザーを適切に絞り込むことで、プロダクトを実際に使ってくれる人たちに協力してもらえます。

しかし、持久力が必要なアスリートのコーチはカフェにはいませんし、インターネットで募集しても見つかりません。それでは、どこにいたのでしょうか？　会員制の秘密のクラブでしょうか？　違います。マラソンや自転車の大会です。また、コーチがよく閲覧しているウェブサイトやフォーラムもありました。プロダクトチームは、そうした場所に物理的および仮想的に行くことで、適切な参加者にたどり着けました。

ユーザーがいる場所に行くことには、2つのメリットがあります。まず、プロダクトのユーザーに出会えるので、参加者の選択が簡単になります。次に、プロダクトが実際に使われている様子を観察できます（この原則に基づいたリサーチ手法については、第6章で説明します）。

事前にスクリーニングしていない場合、相手が適切な参加者かどうかをどのように確認すればいいのでしょうか。たとえば、短いスクリーナーを準備して、最初に口頭で確認することができます。適切な参加者であれば、そのままリサーチを続けます。適切でなければ、相手がエクストリームユーザーかどうかを確認します。いずれも当てはまらない場合は、お礼を言ってから、新しい参加者を探します。

　Jiraのメーカーである Atlassian は、このやり方でユーザーからフィードバックを集めています。同社のリサーチャーは、Jiraのユーザーが参加するITカンファレンスにブースを出展し、フィードバックを伝えたい情熱的なユーザーを引き込んでいます。魅力的なスペースを作り、カンファレンスの休憩中に短時間で一気に話をするのです（図4.1）。また、Atlassian には世界各地のユーザーを募集する手段があり、情報を手に入れたければユーザーがいる場所に行くことができます。

図4.1　カンファレンスでユーザーと話している Atlassian のリサーチャー
（出典：https://oreil.ly/oBAo2）

　本書を執筆している2020年は、COVID-19のパンデミックによって「ユーザーのいる場所に行く」の意味が変化しました。ロックダウン、強制隔離、夜間外出禁止令などにより、突如としてビデオ会議が日常的なものとなりま

した。企業は安全を担保できず、対面の会話は基本的に不可能となりました。ユーザーにすぐに出会えるような公共スペースも利用できなくなりました。完全になくなったところもあります。こうした変化には対応が必要ですが、参加者の近くに「いる」ことなら可能です。ソーシャルメディア、Slackや Teamsなどのコラボレーションプラットフォーム、Redditなどのディスカッションコミュニティ、WhatsAppやTelegramなどのメッセージアプリ、フォートナイトやPUBGなどの大規模マルチプレーヤーオンラインゲームを使えば、参加者と同じデジタル空間に「いる」ことができるのです。

オンラインの会話は対面とは違いますが、事前に準備をしておけば、対面のときと同程度の質のインサイトが得られます。実際、参加者と物理的に同じ空間に**いない**ときのほうが、プライベートな情報を共有してくれることもあるくらいです（リモートのリサーチについては、第5章で説明します）。

参加者を選別していると、別のことも明らかになります。それは、参加者によって異なる視点があるということです。

現地現物

- -

現地現物とは、製造の問題を診断するためのリーンのプラクティスです。問題が発生した場所に行き、直接観察するというものです*3。

4.2.6　異なる視点を求める

リサーチするときは、異なる視点を求めることが重要です。そのためには、

---

3 "Toyota Production System Guide," The Official Blog of Toyota UK (May 31, 2013), https://blog.toyota. co.uk/genchi-genbutsu.

さまざまな参加者を募集するといいでしょう。たとえば「現在のユーザー」「潜在的なユーザー」「エクストリームユーザー」などです。

現在のユーザー

現在のユーザーとは、あなたのプロダクトを使用しているユーザーです。プロダクトを体験とその影響を教えてもらえるので、重要な存在です。一般的な使用パターンもわかりますし、プロダクトの好きな点と嫌いな点も教えてもらえます。また、こちらのほうが重要ですが、あなたの気づいていない課題を共有してくれます。

潜在的なユーザー

潜在的なユーザーとは、あなたのプロダクトに対して期待を抱いているユーザーです。ただし、競合他社のプロダクトですでに期待が満たされている可能性もあります。あるいは、過去にプロダクトを試したことがあるが、期待外れで離れていった可能性もあります。その場合は、潜在的なユーザーから何かを学びましょう。

エクストリームユーザー

現在のユーザーや潜在的なユーザーからはプロダクトやサービスに関係のあるインサイトが得られますが、**エクストリームユーザー**からは驚くべきインサイトが得られます。たとえば、あなたがアマチュアのカメラマンについて調査しているとしたら、エクストリームユーザーは「映画の学位を持つプロのカメラマン」になるでしょう。エクストリームユーザーの視点から、デザインの決定を見直したり、いくつかの想定を考え直したりする必要があるかもしれません。

エクストリームユーザーとやり取りをするときには、何が「普通」なのかを理解する必要があります。何が普通なのかは、「普通」のユーザーをスクリーニングするときに理解できます。エクストリームユーザー**だけ**を対象に

調査していると、新しいインサイトが大量に出てきますが、これは非常に危険です。

「普通」のユーザーとエクストリームユーザーを組み合わせて、相対的な視点を確保することをお勧めします。比率に絶対的なルールはありませんが、7 〜 10人に1人の割合でエクストーリームユーザーがいたときのバランスがよかったと感じています。

感情的に話す準備をする

2020年のCOVID-19は、あらゆる業界を停止させました。規模を問わず、すべての企業に深刻な影響を与えました。世界中でロックダウンが始まったとき、ある有名な旅行サイトのリサーチチームは、リサーチプロジェクトと募集活動を全面的に停止しました。旅行サイトについて意見や体験を共有してもらうよりも、ホテルのオーナーたちには憂慮すべき課題があるはずだと考えたのです。その後、課題を克服し、新しい生活様式に適応したオーナーたちに気を配りながら、ゆっくりとリサーチ活動を再開しました。

4.3　リサーチャーと記録係のペア

リサーチで参加者と会話するときは、リサーチャーと記録係でペアになることを強くお勧めします。リサーチャーの役割は、参加者と個人レベルでつながり、会話が流れるようにすることです。参加者とラポールを築きながら、その人とだけの本物のつながりを作ります。見過ごされがちなのは、記録係の役割です。記録係の役割は、リサーチプロセスにおいて驚くほど重要です。記録係には3つの責任があります。

● 会話を記録する

記録係にはメモをとる責任があります。録音機器などのメンテナンスも含まれます。メモをとるといっても、すべてを逐語的に書き留める必要はありません。会話のなかで重要なポイントを記録します。それが会話のインデックスとして機能します。リサーチャーはメモをとらなくてもいいというわけではありません。リサーチャーはあとで戻ってくるテーマや追加の質問など、会話の流れに関するメモをとります。詳細なメモについては、記録係に任せます。録音や録画が可能なこともありますが、録音されていると本心を語ってくれない参加者もいますので、状況に応じて使い分けてください。

● インタビュアーをサポートする

参加者の感情的な反応を最初に受け止めるのはリサーチャーです。トピックや参加者によっては、これが心理的な負担になることもあります。記録係は少し距離を置いて、リサーチャーが集中できるようにサポートしましょう。たとえば、途中で質問者の役割を交代することもできます。ただし、リサーチャーと同じくフィールドガイドには従いましょう。記録係は「セカンドインタビュアー」と呼ばれることもあります。セカンドインタビュアーとして、必要に応じて会話に参加したり、追加の質問をしたり、リサーチャーをサポートしたりしましょう。

● コンテクストを見る

リサーチャーの作業は、参加者とつながりを維持しながら、リサーチクエスチョンの答えを見つけることです。これは思っているよりも大変な作業です。リサーチャーは全神経を参加者に向けているため、周辺にある重要な手がかりを見逃すことがあります。記録係は、こうした詳細をメモにとり、必要であれば参加者に質問しましょう。

記録係はリサーチャーと話す必要があります。黙って記録すればいいわけではありません。リサーチャーと記録係の関係は、レーシングドライバーとコ・ドライバーの関係に近いものです。ハンドルを握るのはドライバーですが、どちらも車の運転に関わっています。ドライバーは短期的な走行に責任

を持ち、コ・ドライバーは長期的な走行具合に目を向けます。コ・ドライバーは、コースを分析したり、次の手を提案したりするなど、認知的な処理能力も提供します。1人のパフォーマンスが悪くなっても、チームとして動いていれば、協力関係によって悪化した状況から復帰できます。1人で運転することもできますが、協力すればもっと多くのことを達成できます。協力関係が良好になれば、運転も良好になります。リサーチャーと記録係のペアも同じです。お互いに指示を出さなくてもうまくやれるようになります。重要なのは関係性です。ペアで協力すれば、関係性が良好になっていきます。

リサーチャーと記録係は交代可能です。どちらも同じようなトレーニングを受け、プロダクトリサーチに関わっているならば、役割を交代することも重要です。リサーチに不慣れな場合は、メモをとることから始めましょう。リサーチセッションの流れ、質問の仕方、台本から外れたときの対応を学べます。ただし、途中で役割を交代するのは、リサーチャーがセッションを進められなくなったときだけです。理想としては、リサーチャーと記録係はどちらも必要です。記録係なしでリサーチすることもできますが、途中で詳細を聞き逃す可能性があります。記録係がいれば、あとから記録を確認する必要がないので効率的です。

リサーチャーと記録係以外の人たちはどうでしょうか。リアルタイムで参加者の話を聞くべき人は何人でしょうか。私たちは多くても1人だけにしています。参加者とリサーチャーの人数比はすでに1対2になっています。リサーチャーと記録係は作業をしていますが、そこに座っているだけの人がいると注意が散漫になります。セッションに参加したいという人がいたら、記録係として参加してもらってください（記録係を2人以上にすると威圧的になります）。セッションをあとで確認したい人のために、録音や録画をしておきましょう（事前に同意を得ることを忘れないでください）。

このルールは、対面とリモートの両方に適用されます。リモート調査のほうが記録は正確です。録画された画面はリサーチャーが実際に見ていたものだからです。ただし、相手が2人だけのビデオ会議と、ミュートのまま参加している人が20人もいるビデオ会議では、参加者にとっては大きな違いが

あります。優れたインサイトを手に入れるには、ラポールと個人的なつながりが重要です。こうしたつながりは、大勢の人がいる人間味のないやり取りからは生まれません。

4.4　フィールドガイドの準備

リサーチクエスチョンに質的手法が適している場合（誰かと会話や交流をする場合）、**フィールドガイド**が重要なツールになります。フィールドガイドとは、会話を軌道に乗せるために、リサーチに関する情報をまとめたものです。これがあれば、目の前の質問に集中できます。目的から逸脱しないように、リサーチクエスチョンを思い出すこともできます。また、会話の構造をまとめたものなので、次の話の流れもわかります。複数人のリサーチャーが同じリサーチプロジェクトを担当しているときも、包括的なフィールドガイドがあれば、整合性が保たれます。

フィールドガイドの準備は簡単です。また、フィールドガイドはあらゆる種類のセッションに役立ちます。参加型デザインワークショップやユーザビリティ調査など、参加者に何かをやってもらうときは**ファシリテーションガイド**と呼びます。詳しくは第6章で説明します。ここでは、実際のフィールドガイドを見てみましょう。

4.4.1　フィールドガイドの実例

マジック：ザ・ギャザリング（MTG） とは、人気のあるカード型のファンタジーロールプレイングゲームです。複数人でプレイするゲームであり、戦略が豊富なので、ゲームをするたびにユニークなものとなります。Doğa Aytuna（トルコのイスタンブールにあるカディルハス大学の博士課程の学生）は、MTGの周辺にある社会構成概念について研究しています。Aytunaと彼の仲間であるAylin Tokuçは、紙のMTGをカジュアルにプレイする人たちにインタビューしました。

彼らのフィールドガイドを見てみましょう（コラム「紙のMTGをカジュアルにプレイする人たちの体験とは？」参照）。質問が網羅的ではないことに気づいたでしょうか。これは、リサーチャーが想定する会話の出発点なのです。このフィールドガイドはA5サイズに収まるので、ノートに挟んでおいて、隣のページでメモをとることができます。このフィールドガイドは厳格なルールではありません。インタビュアーがメモをとりながら、会話の流れを確認するのに使います。フィールドガイドは参加者に見せてはいけない神聖なものではありません。事前に質問を考えていることは参加者もわかっています。ただし、フィールドガイドのことが気になってしまうと、せっかくの会話が妨げられてしまいます。目立たない小さなサイズにしておきましょう。

第2章で説明したように、思い込みを含めてはいけません（少なくとも開始前に特定して、検討しておきましょう）。これから重要なところを示しながら、フィールドガイドを作成するプロセスを段階的に説明します。

紙のMTGをカジュアルにプレイする人たちの体験とは？

- -

導入部分

MTGの遊び方をどうやって覚えましたか？：MTGを始めた動機を質問する。どのプラットフォームで、誰と一緒にプレイを始めたのか？　難しいところはあったか？

最初のカードデッキはどうやって作りましたか？　今はどうやって作っていますか？：お気に入りのカードデッキと、カラーやフォーマットに特化したデッキは、どのくらい似ているか？

MTGをプレイしたいとき、普段はどこでプレイしますか？　どうやって企画しますか？：どこで？　誰と？　何人で？　フォーマットは？

費やしたリソース：時間とお金

どのくらいの頻度でMTGをプレイしますか？　それはなぜですか？：
もっとプレイしたいか？　どうすればもっとプレイできるか？

MTGのプレイ時間はどのくらいですか？：時間はもっと長いほうがいい？　短いほうがいい？

MTGにいくらお金を使いましたか？　ゲーム以外の目的のためにカードやデッキにお金を使いましたか？：重視するのは見た目か？　機能か？
見た目や派手さはゲームの楽しみになるか？

プレイの体験

よくプレイするフォーマットは何ですか？　モダン？　統率者戦？　その理由は何ですか？：理由を聞けばゲーマーのタイプがわかるかも。それぞれの頻度も聞くこと。

よく勝利するフォーマットは何ですか？：ゲームを楽しむことと勝利することに相関関係はあるか？

質の高いゲーム体験に必要な環境は何ですか？　その環境は自分で用意できますか？：どのような環境で、誰とプレイするのか？　競争はあったほうがいい？　ないほうがいい？　チャットは？　コミュニケーションは？

オンラインと紙でプレイの体験にどのような違いがありますか？：オンラインをプレイしている場合に聞く。どちらが好みか？　その理由は？

4.4.2　フィールドガイドの作成

リサーチクエスチョンを書く

　リサーチャーが忘れないように、リサーチクエスチョンを一番上に書きます。第3章で説明したように、リサーチクエスチョンはフォーカスしていて、オープンエンドで、先入観がなく、答えられるものです。

インタビューの質問をブレストする

　好きなブレインストーミングやコラボレーションのツールを使用して、できるだけ多くの質問を考えます。良い質問のヒントをいくつか紹介しましょう。

- 質問はオープンエンドなものにしましょう。誘導的ではいけません。
- 各質問で聞くことはひとつにしましょう。
- 思考または行動のいずれかについて質問しましょう（両方ではありません）。方向性の違う質問を混ぜてしまうと、結果が不明確になります。
- 質問を挑発的なものにしないようにしましょう（ただし、議論を促すために、あえてそのような質問をすることはあります）。
- できるだけ中立的に質問しましょう。
- 質問は独立させてください。会話の流れを見ながら、質問の順番を入れ替えることができます。

メモを追加する

　各質問に注釈をつけていきます。追加の質問でも構いません。リサーチャーが深堀りしたいことや、参加者に考えてもらいたいことを思い出すきっかけになります。

　メモは「**誰が、何を、いつ、どこで、なぜ**」で始めるといいでしょう。「なぜ起きたのか？」「いつ起きたのか？」「他に誰が関係しているのか？」など

です。

　バイアスや先入観などの注意すべき点をメモすることもあります。たとえば「参加者はカトリックとは限らない」「プログラムに参加した理由を聞いておく」「参加者は両親を介護している可能性がある」などです。

　参加者とのラポールに関するメモを追加しておきましょう。たとえば「参加者に話を聞いてもらえていると感じてもらうためにできることはあるか？」「参加者との話し方がインサイトの質を決定する」などです。

質問をテーマ別に分ける

　質問ができたら、テーマ別にグループ化します。重複がなくなり、質問のムダを省けます。上記の例では、テーマは3つだけで、テーマに含まれる質問の数も多くありません。テーマが多すぎると集中するのが難しくなりますし、質問が多すぎると取り調べのようになってしまいます。

　それでは、作成したフィールドガイドをテストしてみましょう。19世紀プロイセンの陸軍元帥ヘルムート・フォン・モルトケが言ったように「いかなる戦術も眼前の敵には無力」です。参加者は敵ではありませんが、どれだけフィールドガイドのことを考えても、どれだけあなたの経験が豊かであっても、質問の流れやアプローチが改善されるのは、最初の参加者と接触したあとです。したがって、最初の数回はパイロット版です。募集した参加者から1〜2人を選び、調査を最後まで通してやってみてください。こうすることで、質問を完成させることができます。また、得られる情報の種類に慣れることもできます。パイロット版が終わったら、質問を修正します。場合によっては、募集の戦略を変更する必要があるかもしれません。参加者の募集が難しい場合や、予算が少なくて失敗するリスクを冒せないという場合は、思考と行動がターゲットユーザーに近い同僚や知人で試してください。

　C.トッドがMachineMetricsのデザインプラクティスを作り始めたとき、彼がチームと一緒に取り組んだのは「テストのテスト」でした。これは、プ

ロダクトリサーチを計画するときには、プロトタイプをユーザーに見せる前に、内部のユーザー（通常はサポート部や営業部）を相手にリハーサルをするというものです。経験の浅いチームメンバーにとっては、ユーザー発見のスキルを磨く良い機会となりました。他のスキルと同様に、練習すればするほどうまくなります。スキルを向上させることで、プロダクトリサーチの準備や実行にかかる時間を短縮できます。

優れたフィールドガイドには共同作業が必要

フィールドガイドの準備はエキサイティングなプロセスですが、気が遠くなる作業でもあります。プロダクトリサーチをうまくやっているチームは、複数のチームを巻き込むことで、この問題に取り組んでいます。

Sherpaはデジタル体験に特化したデザインスタジオです。ユーザーとの対面（インタビューやユーザビリティ調査）の準備をするときに、クライアントと一緒に質問のブレインストーミングをしています。こうすることで、ビジネスの経験が持ち込まれ、すべてのステークホルダーがリサーチに参加できます。ファシリテーターはクライアントの思い込みやバイアスに耳を傾け、学習につながる本物のフィールドガイドを作成できるようにサポートします。

Garanti BBVAのエクスペリエンスデザインチームでは、別のアプローチを採用しています。ビジネスチームがインタビューや現地訪問するときに、コーチングセッションを提供しているのです。基本的なバイアスやよくあるインタビューの間違いがないかをチェックして、ガイドラインやチェックリストを提供しています。コーチングセッションのおかげで、ビジネスチームは自分たちでリサーチクエスチョンをユーザーに適した質問に変換できるようになりました。また、エクスペリエンスデザインチームに頼ることなく、必要な分だけプロセスを繰り返せるようになりました。

4.4.3　試してみよう：フィールドガイドの修正

　架空の銀行（「金持ち銀行」と呼びましょう）が、モバイルアプリでローンを申請する人たちの体験を理解するためにリサーチャーを雇いました。リサーチャーの一人が、質問をレビューしてほしいと言っています。あなたは改善を提案できますか？（これから私たちの回答を見せますが、まずは自分で考えてみてください）

モバイルローンの調査

- 口座の残高はいくらですか？
- 現在ローンはありますか？
- 当行では他にどのような商品を利用されていますか？
- 住宅ローンに毎月いくらお支払いですか？
- Android または iOS のユーザーですか？
- 私たちのアプリを頻繁に使用されていますか？
- 私たちのアプリはお好きですか？
- 同僚や友人に推薦する可能性はどのくらいありますか？

答え

　それぞれの質問を検討しながら、問題があれば修正しましょう。クローズドクエスチョンになっていませんか？　参加者を誘導していませんか？　質問する前から答えがわかっていませんか？　フォローアップの質問はできますか？　以下は私たちの回答です。

●口座の残高はいくらですか？
　　この情報はデータから取得できます。知っていることに基づいて質問を準備すれば、答えのわかる質問をすることはありません。

●現在ローンはありますか？　住宅ローンに毎月いくらお支払いですか？
　　これはクローズドな質問なので、インサイトを手に入れるのは難しいで

しょう。オープンエンドな質問に変えてから、話題を広げられるように
ガイドにメモを書いておきましょう。たとえば「ローンの体験について
教えていただけますか？」と聞いてから、住宅ローンの情報（特に毎月
の支払い）を深堀りします。

● 当行では他にどのような商品を利用されていますか？

用語について考えてみましょう。銀行員や金融の専門家は「商品」が何
かを知っていますが、平均的な顧客は知りません。普通預金、クレジッ
トカード、住宅ローンについて話すことはありますが、銀行の「商品」
について話すことはありません。顧客が使い慣れた用語を選択して、質
問に答えやすくしましょう。顧客が使用しているサービスについて話し
始めたら、途中で遮らないようにしましょう。顧客の体験を深堀りでき
るように、メモに書いておきましょう。

● Android または iOS のユーザーですか？

これもインタビュー前にデータを調べればわかる質問です。特定の OS
のユーザーに関心があるのなら、インタビューではなくスクリーニング
のときに使いましょう。OS がリサーチクエスチョンと関連している場
合は「どのようなモバイル端末をお使いですか？」などのオープンエン
ドな質問を試してください。そして、使用状況を把握するために、その
モバイル端末をどのように選んだのかを質問してみましょう。

● 私たちのアプリを頻繁に使用されていますか？

これはクローズドな質問であり、使用状況データからわかるはずです。
アプリの使用状況を知りたいなら「私たちのアプリをどのくらい使用さ
れますか？」と聞くといいでしょう。そして、最近実行したタスクと、
その経験について深堀りします。

● 私たちのアプリはお好きですか？

第 1 章の確認のマインドセットを思い出してください。あなたが聞きた
い答えに参加者を誘導しています。「私たちのアプリの評価を教えてい
ただけますか？」にするといいでしょう。

● 同僚や友人に推薦する可能性はどのくらいありますか？

第3章で紹介したNPSのような質問です。NPSは顧客満足度の測定に広く使われていますが、価値のあるインサイトを得るには難しい質問です。「当行に関してご意見はありますか？」のほうが素直な質問でしょう。そして、満足した瞬間を深堀りして、それを誰かに推薦したかどうかを聞きましょう。

次に、質問をテーマ別にグループ化します。

● 金持ち銀行での体験

当行に関してご意見はありますか？：満足した瞬間を深堀りして、それを誰かに推薦したかどうかを聞く。

どのサービスを使用されていますか？：貯金やクレジットカードなど。経験を深堀りする。

私たちのアプリをどのくらい使用されますか？：最近実行したタスクと、その経験について深堀りする。

私たちのアプリの評価を教えていただけますか？：1：非常に悪い、5：非常に良い

● ローンとモバイル

どのようなモバイル端末をお使いですか？：OSとメーカーを聞く。その端末をどのように選んだのかを聞く。

ローンの体験について教えていただけますか？：住宅ローン（特に毎月の支払い）について深堀りする。

グループ化が終わったら、テーマと質問を確認してください。そのテーマについて知りたいことは、そこにある質問を聞けば十分ですか？　グループ化するときに質問を追加・修正しても構いません。グループ化して考えると、

インタビューについてじっくりと考えることができ、必要に応じて変更しやすくなります。

　私たちは「ローンとモバイル」のテーマは少し弱いと思っています。モバイル端末の選択とローンの経験を聞くだけの一般的な質問になっています。ユーザーの行動にフォーカスした以下の2つの質問を追加することをお勧めします。

　　最後にローンについて検索したときのことを教えてください。：金持ち銀行での体験と、良かった理由と悪かった理由を深堀りする。

　　ローンを申し込んだときのやり方を教えていただけますか？：モバイルアプリを使用したかどうか、それは当行のものかどうかを聞く。

　2つの質問で注目してもらいたいのは、参加者に意見を聞くのではなく、特定の行動を思い出してもらっているところです。

4.5　コミュニケーション計画の作成

　変化を生み出すには共同作業が必要です。共同作業を促進させる大きな一歩となるのは、あなたが何をしているのか、いつ誰かのサポートが必要なのかを情報共有することです。ここでコミュニケーション計画が役に立ちます。

　コミュニケーション計画とは、プロジェクトの情報の伝達方法を記述したものです。以下の情報が含まれます。

- 新しい情報を生み出す活動の種類、頻度、アウトプットの内容
- アウトプットを通知すべき関係者、役割、情報に対するニーズ
- 使用するコミュニケーション手段

　大規模プロジェクトでは、コミュニケーション計画が詳細になることもあ

りますが、おびえることはありません。以下の3つのステップで、全員を対象にしたコミュニケーション計画をまとめることができます。

1.コミュニケーションの相手を特定する

ほとんどのリサーチプロジェクトには、情報を共有すべき3つのグループがあります。まずは、リサーチの実行に積極的に関わるグループです。参加者とやり取りをする人や記録係がこのグループに属します。2番目は、リサーチの影響を受ける可能性があるため、何らかの形で分析に貢献するグループです。通常、最初のグループは2番目のグループのサブセットにします。3番目は、スポンサーと影響力のある人たちです。取締役、経営幹部、意思決定者などが含まれます。

2.コミュニケーションの頻度と方法を決定する

各グループとやり取りをする頻度を決定します。求めるニーズと情報の深さを考慮しましょう。積極的に関わるグループは、リサーチセッションごとにSlackで通知してほしいと思うでしょう。一方、経営幹部やスポンサーたちは、プロセスの概要と最終結果がまとめられた簡潔なメールを希望するでしょう。グループごとに情報を共有する方法を決定しましょう。

3.コミュニケーション計画に従う

リサーチを実行するときは、コミュニケーション計画の手順に従いましょう。大規模プロジェクトの場合は、プロジェクトマネージャーも巻き込むべきです。コミュニケーションは一方向ではありません。協力者の意見を受け入れてください。質問されることもありますし、追加情報を求められることもあります。以降のステップに影響を与える提案をもらうこともあります。同じような要求が繰り返し発生するようなら、何らかのステップを見逃している可能性があります。時間をかけて計画を見直しながら、バージョンアップを続けましょう。

計画を作ってもコミュニケーションが成立するわけではありません。リサーチを実行するときは、計画に従うことを忘れないでください。返信が欲

しいのに反応がないときは、双方に確実に情報が届くような手段で連絡してください。押し付けにならないように配慮しながら、ニーズの理解に努めましょう。そして、情報の流れを維持するために、コミュニケーション計画を更新しましょう。

4.6　計画に従えないときは？

世界が終わるわけではありません。

リサーチャーは方法論でミスをしないように事前に準備します。リサーチクエスチョンをレビューして、コンテクストやビジネスダイナミクスを理解します。先入観なく参加者の話に耳を傾けられるように、自分の思い込みを明確にして、バイアスを持ち込む可能性を減らします。参加者を理解し、参加者から学ぶことが目的です。有益なフィードバックが得られるように、参加者は慎重に選びます。セッションの記録方法を計画し、想定外のことでもチームで対応できるように準備します。参加者との会話の流れを忘れないようにガイドを用意します。以上のことを事前に検討し、リサーチにおける方法論のミスの可能性を減らすのです。

方法論の心配がなくなれば、大切なものが与えられます。それは、注意力です。誰かと協力するリサーチでは、注意力が非常に重要です。適切な手法を使い、適切な参加者とやり取りして、パートナーと協力して会話を記録していることがわかっていれば、リサーチアプローチについて考える必要がなくなります。そうすれば、参加者に注意力を向けることができます。第5章でも説明しますが、参加者の理解に必要な共感的なつながりを構築するには、注意力のすべてを向けることが不可欠です。

リサーチの準備は完璧を目指すものではありません。リサーチアプローチの一貫性と認識を高めることが目的です。一貫性も完璧なものではありません。必要であれば、質問やプロンプトをその場で変更しても構いません。リサーチガイドを持って参加者のところへ向かい、最初の質問をしたあとで、

会話の流れが予期せぬ方向に進み、即興の対応が必要になった経験は何度もあります。

　リサーチ計画はパーティーの準備と似ています。ゲストが到着したときに料理を作り始めることもできますが、料理から手を離せないのでゲストを楽しませることができませんし、集中できずに料理がうまくできない可能性もあります。料理を事前に準備しておけば、誰にとっても思い出に残る楽しいパーティーになります。ゲストと一緒に充実した時間を過ごしながら、おいしい料理を楽しむことができます。

　参加者に協力してもらうセッション（インタビュー、ユーザビリティ調査、アイトラッキング調査など）は、どれも似たような流れがあります。こうした流れを知っておけば、うまくインサイトにたどり着くことができます。その流れとは、リサーチクエスチョンと思い込みを知る、参加者を見つける、参加者と協力する、並行して予備的な分析を開始する、というものです（第5章で詳しく説明します）。また、これらの活動のコミュニケーション計画を立てることで、リサーチに貢献している同僚やインサイトの影響を受けるステークホルダーと進捗状況を共有できます。

　リサーチの準備は、やればやるほどうまくなることがわかります。リサーチを習慣にする方法については、第9章で説明します。

4.7　現実世界で見るルール： ビデオ通話でつながりを感じてもらうには？

　COVID-19は私たちの働き方を変えました。本書を執筆している2020年、私たちは活動を自宅に限定することを余儀なくされました。そして、ビデオ通話を通じてリモートで何かを成し遂げる、創造的な方法を探すことになりました。仕事や会議だけでなく、誕生日やパーティー、さらには結婚式もそうです。リモートでも同じ情報量を共有することはできますが、同じ空間にいる人間の肌触りは失われます。

Microsoft Teams（チャット、ビデオ通話、ファイルストレージなどを提供するコラボレーションツール）に取り組んでいるチームは、ビデオ通話の参加者同士がつながりや一体感を感じられる方法を模索してきました。新しい機能を開発するにあたり、会議室で一緒に座ったり、休憩室で一緒にコーヒーを飲んだりするような感覚を生み出したいと考えました。

彼らのソリューションは**Togetherモード**でした。これは現実世界の背景に仮想的に参加者を配置するという、複数人向けのビデオ通話のモードです（図4.2参照）。たとえば、あなたが講義をしているとしたら、教室のように見えるのです。

彼らはこの機能が当初の目的を達成したかどうかを知りたがっていました。つまり、Togetherモードを使うことで「みんなと一緒にいるように感じられるだろうか？」「一体感をどのように測定すればいいのだろうか？」と考えました。

図4.2　Microsoft Teamsの新機能Togetherモード

この問いに答えるために、参加者の脳波を監視するユーザビリティ調査を実施しました。3つのグループを募集して、合計で約20人が参加しました。1つ目のグループには、物理的に同じ空間で一緒に作業してもらいました。2つ目のグループには、標準的なグリッドビューの仮想空間で一緒に作業し

てもらいました。3つ目のグループには、Togetherモードの仮想空間で一緒に作業してもらいました。その結果、グリッドビューを使ったチームと比較して、Togetherモードを使ったチームの脳波のほうが、物理的な空間に一緒にいたチームの脳波に近いことがわかりました[4]。

　つまり、手法の選択が重要でした。脳波を監視せずに、リモートでユーザビリティ調査をしていれば、かなりのお金を節約できたはずです。あるいは、アンケートを送ることもできたはずです。脳波計のような複雑な機器を使用するよりも、ユーザビリティ調査やアンケート調査のほうがはるかに簡単です。それに、価格も安く、多くのユーザーを対象にできます。

　Microsoftのリサーチャーがこれらの手法を選択しなかったのはなぜでしょうか。それは、信頼できる答えが得られなかったからです。リモートのユーザビリティ調査やアンケート調査などの自己申告方式は、コストはかかりませんが、何かに特化した答えは得られません。このチームは、特定の状況下の特定の感情に興味を持っていました。そこで、認知シグナルを調査する手法を選択しました。その結果、確信を持ってリサーチクエスチョンに答えることができました。

4.8　重要なポイント

◎リサーチを成功させるには準備が必要です。即興の部分があっても構いませんが、どれだけ経験豊富なリサーチャーでも、準備を完全に省略することはできません。

◎プロダクト開発プロセスのどのステージにいて、参加者から何を学びたいかによって、リサーチ手法を選択します。また、あなたのリサーチス

4　Microsoftによるリモートコラボレーションに関するリサーチについては (https://oreil.ly/qEWGa) で読めます。Togetherモードの開発については (https://oreil.ly/ttcMq) で読めます。

キル、手法のコスト、募集のコストも考慮してください。

◎ 自分が使える最も簡単な手法を選択しないでください。求める答えが得られない可能性があります。

◎ フィードバックを提供してくれる、多様な参加者グループは貴重です。物理的あるいはデジタル的に会いに行きましょう。

◎ スクリーナーを使用して、あなたの調査に適した人かどうかを判断しましょう。

◎ リサーチャーと記録係がペアになれば、リサーチは効果的で楽しいものになります。

◎ リサーチに興味のある人や影響を受ける人に進捗を伝えましょう。リサーチに協力してもらいやすくなりますし、あなたもインサイトを行動に移しやすくなります。

◎ 計画通りに進まなくても、世界の終わりではありません。まだ準備が終わっていないのに、ユーザーとやり取りをすることもあるでしょう。そのような場合は、プロセスをふりかえる時間を作ってください。そうすれば、失敗から学べますし、分析のときに改善できます。

あなたのチームは、
ユーザーと個人的なつながりを作り、
共感を深めることができていますか？

第5章

Rule 5.
インタビューは
基本的スキルである

　顧客と話をすることは重要です。同じくらい重要なのが、**どのように**話すかです。

　April Dunfordは『Obviously Awesome』（Ambient Press）の著者であり、プロダクトのポジショニングの分野で世界的に知られる専門家です。彼女のキャリアがまだ浅かった頃のインタビューの話をしてくれました。勤めていた会社が新しいデータベースのプロダクトをローンチしたときのことです。マーケティングにも力を入れ、大きな売上が期待できました。しかし、結果は失敗でした。売れたのは約200本だけでした。「しかも1本100ドルです。これでは子どもたちを養っていけませんよ」と、Aprilは語ります。

　Aprilはマーケティングチームで最も新しいメンバーでした。そこで、上司は既存顧客の半数（100人）と話をするように彼女に指示を出しました。プロダクトを終了させても苦情が出ないようにするためです。「最初の20人との会話はこんな感じでした。"そのプロダクトは購入してないですね。あれ、ちょっと待ってください。ありました。数日だけ触ったんですが、もう使っていません"」。

　21人目の会話で「Tony（顧客）が私に"あれ好きなんですよ。本当にすごくて、魔法みたいです。仕事が大きく変わりました"と言ってくれました。とてもプロダクトが終了するかもしれないと言える雰囲気ではありませんで

した。彼は"あれがなかったら死んじゃいますよ"と言っていました」。April
はさらに話を掘り下げました。Tonyがそのプロダクトを愛していたのは、
営業チームが出張の報告書を簡単に提出できるようになったからでした
（SaaSや公衆Wi-Fiがある時代よりずっと昔のことです）。

　次の15人は、最初の20人とまったく同じでした。その後、フィールドサー
ビスチームに熱狂的なファンが見つかりました。このパターンが以降も続き
ました。Aprilは上司に「プロダクトを終了させてもほとんど苦情は出ませ
んが、このプロダクトが革新的だと考えている5人は落胆します」と報告し
ました。

　チームは賭けに出ることにしました。実験的にプロダクトをエンタープラ
イズ向けにして、価格も100ドルから数万ドルに引き上げました。結果はど
うだったでしょうか。うまくいきました！　このプロダクト（と企業）は大
成功を収めました。

　価値を感じる顧客がいたのに、チームがポジショニングを間違っていたた
めに、プロダクトが売れなかったのです。Aprilが100人の顧客と会話をし
ていなかったら、チームはその理由を知ることはなかったでしょう。この業
界は量的データを愛していますが、彼女は「私たちのブレイクスルーは、す
べて質的な顧客のインサイトから得られたものです」と語っています。会話
は**それくらい**重要なのです。

5.1　会話のスタイル

　会話は質的ユーザーリサーチの基本です。インタビューをするときも、
ユーザビリティ調査をするときも、コールセンターで顧客の苦情を聞くとき
も、理解したいと思う相手と会話します。会話の目的とお互いのダイナミク
スにより、会話のスタイルが決まります。本章では、5つの会話のスタイルと、
それを認識する方法を説明します。

雑談の会話：「やあ、調子はどう？」

演技の会話：「観客の期待に応えているだろうか？」

質問の会話：「相手が持っている答えを知りたい」

説得の会話：「相手を説得する必要がある」

共感の会話：「相手が何を考え、何をして、何を感じているかに興味がある」

参加者に自由に正直に答えてもらうには、会話のスタイルが重要です。Aprilは適切な口調でインタビューしたからこそ、必要な情報を入手できたのです。

目指すべきは「共感の会話」です。5つのスタイルはどれも本質的に悪いものではありません。すべてに価値があり、何かを学ぶことができます。しかし、プロダクトリサーチにおいて最もインサイトが得られるのは「共感の会話」です。

5.1.1　避けるべき4つのスタイルと強化すべきスタイル

会話のスタイルを順番に見ていきましょう（会話を開始する人を「インタビュアー」、もう一人を「参加者」と呼ぶことにします）。

スタイル1：雑談の会話

●「やあ、調子はどう？」
　雑談の会話では、参加者は楽しく、リラックスしていて、あまり意見がありません。議題はなく、会話が自由に流れていきます。雑談の会話の例には、友達との会話、カジュアルなランチデート、コーヒーを飲みながらのおしゃべりなどがあります。

雑談の会話の目的は、個人的なつながりを作ることです。そしてもちろん、楽しむことです。そのため、会話の構造はほとんどありません。インタビューで雑談の会話をしているときは、インタビュアーと参加者を区別できないくらいです。参加者が楽しんでいる限り、会話は無限に続いていきます。

スタイル2：演技の会話

●「観客の期待に応えているだろうか?」

演技の会話とは、観客のための会話です。事前に台本を書くこともありますし、即興でやることもできます。観客はインタビューに同席することもあれば、あとから会話を聞くこともあります。会話の目的は、観客に興味を持ってもらうことです。演技の会話の例には、寸劇、ポッドキャストやトークショー、大規模な会議などがあります。

会話をガイドするのはリサーチクエスチョンではなく、観客の期待です。ステークホルダーが観客の場合 (特にステークホルダーの同意を得る必要がある場合)、演技の会話に移行するリスクが高くなります。顧客のチームが見守るなかで、2人だけで会話をする状況を考えてみてください。

スタイル3：質問の会話

●「相手が持っている答えを知りたい」

質問の会話とは、情報収集を目的としたものです。リサーチでは一般的なスタイルです。インタビュアーは情報を必要としており、それを参加者が (自ら開示することはないとしても) 保持していると想定します。インタビュアーは、隠された真実を参加者から聞き出す必要があると思っています。隠していることがなくても、インタビュアーは疑ってかかるのです。

インタビュアーのほうが強い権力を持っている状態です。両者のバラン

スがとれていません。質問の会話の例は、マネージャーが顧客を逃した部下に不機嫌そうに理由を聞いているときの会話です。プロダクトリサーチにおける質問の会話の例は、プロダクトマネージャーが在庫管理のことを細かいところまで質問しているときの会話です。質問された社員は、自分の仕事のパフォーマンスが悪いと思われているのではないかと感じてしまいます。

質問の会話は、一方的な質問で構成されています。インタビュアーは自分の目的（事実の確認や仮説の検証など）のために質問します。そこに共感はありません。隠された情報を明らかにするという願望を持った会話です。インタビュアーは権力を握りたいと考え、参加者はそれを押し戻そうとします。インタビュアーが求めている情報を手に入れた時点、あるいは手に入れることを諦めた時点で会話は終了します。

スタイル4：説得の会話

●「相手を説得する必要がある」

説得の会話では、インタビュアーが参加者に何かをするように説得します。また、そのためにさまざまな技法を使用します。説得内容は、交換、約束、断言などです。説得の会話の例としては、売り込みや協力依頼などがあります。

説得の会話の構造は、狩りとよく似ています。インタビュアーは参加者の優位に立てるポイントを見つけようとします。インタビュアーが参加者を説得するか、参加者がインタビュアーを遮るまで会話は続きます。参加者が遮っても、説得の会話が再開されることもあります。

避けるべき会話のスタイルがわかったので、役に立つ会話のスタイルを見ていきましょう。共感の会話です。

スタイル5：共感の会話

●「相手が何を考え、何をして、何を感じているかに興味がある」

　共感の会話の目的は、つながりを構築し、ありのままを受け入れ、先入観や判断なしに、相手の体験や世界観を理解することです。共感の会話では、他の会話のスタイルとは違った方法で関係を築きます。共感の会話の特徴は、関心と傾聴です。言うのは簡単ですが、実行するのは大変です。共感の会話は、お互いを受け入れたカップル、長期間かけて良好な関係を築いた友人同士、好奇心が強くて謙虚な旅行者と地元の人たちの間で起こります。

　共感の会話は、特定の関心領域を中心に扱いますが、関連する領域に触れることもあります。インタビュアーは参加者の体験や物語を引き出す質問をして、相手の行動や思考を理解しようとします。インタビュアーは参加者の作業に協力することもあります。これは、参加者が世界をどのように体験しているかを理解するためです。一見すると関係のない会話から、興味深い情報が見つかることもあります（とはいえ、リサーチクエスチョンは用意しましょう。話が飛びすぎたら軌道修正しましょう）。

　共感の会話は、プロダクトリサーチに最適な会話のスタイルです。参加者を強制することなく会話をガイドできます。また、参加者はインタビュアーが受け止めやすいように、自身の体験や考えを共有する余裕が持てます。インタビュアーは会話の流れを意識しながら、参加者から学ぶためにこの場にいることを忘れないでください。参加者を楽しませたり、尋問したり、何かを売りつけたりしないでください。

5.1.2　成功するインタビューのパターン

　成功するインタビューにはいくつかのパターンがあります。インタビューの開始はエネルギッシュです。楽しいこともあるくらいです。参加者とつながりを作り、快適に過ごしてもらうために、雑談の会話や演技の会話を使う

こともあります。実際のところ、リラックスする必要があるのはインタビュアーです。状況に慣れるために、いつもより明るいトーンで話すこともあります。次が、移行フェーズです。明るいトーンを抑えて、共感の会話へ緩やかに移行します。おそらくリサーチの目的、免責事項、同意書について説明するときに、自然と移行が発生するでしょう。

優秀なインタビュアーは、インタビューの**大部分**で共感の会話を維持しています。雑談の会話を避けるといっても、笑顔や温かさを見せないということではありません。ただし、参加者の機嫌を良くしたり、喜ばせたり、楽しい時間を過ごしたりすることが目的ではありません。そのことに注意してください。

会話が終了に近づいても、インタビュアーは共感の会話を維持しましょう。ここが重要です。すべての質問が終わっても、参加者がすべてを共有したとは限りません。参加者が立ち去るまで、インタビュアーは共感の会話を維持するべきです。慎重に扱うべきトピックの場合は特に重要です。参加者の反応がきっかけとなり、防御的で評価的な会話になってしまう可能性があります。参加者に心理的な負担をかけるトピックであれば、治療的あるいは緩和的な会話に移行したくなるかもしれません（「大丈夫ですよ、きっとすべてがうまくいきます。そうなることを心からお祈りしています」）。気を付けてください。リサーチはセラピーではありません。そうした行動は悪いものではありませんし、参加者の気持ちを楽にさせたい思いもわかります。しかし、あなたは参加者の友人としてそこにいるわけではありません。

会話のスタイルは静的なものではありません。すべての会話のスタイルを使用することもあります。ひとつのスタイルが始まったあとで、別のスタイルに移行する可能性もあります。これは会話に失敗したわけではありません。移行したことに気づき、軌道修正をしようとしているのです。

5つの会話のスタイルがわかったので、インタビューで使ってみましょう。

5.2　インタビューとは？

インタビューは「質問のリスト」だと言われます。いくつかの質問の答えから、相手の行動・思考・感情のインサイトを手に入れて、リサーチに適用するわけです。しかし、それがユーザーを理解する最善の方法でしょうか。インタビューは質問のリストではありません。単なる2人の会話でもありません。相手の答えにもっと耳を傾けるべきです。**インタビューとは、個人的なつながりによって実現する質問と答えの流れです。**インサイトは、質問の答えとして手に入れるものばかりではありません。関係性から生まれた答えを解釈した結果として、インサイトが生まれることもあります。これがうまくできるようになれば、リサーチ手法の基本として使用できます。

想定外の答えが得られるように、インタビューはオープンにしておく必要があります。ただし、リサーチクエスチョンのインサイトを手に入れるという目的に向かって、うまく会話をガイドしましょう。それでは、インサイトを生み出すマインドセットと、構造化されたインタビューのバランスはどのようにとるべきでしょうか。まずは、インタビューの意味を考えてみましょう。

インタビューの語源は、フランス語の名詞「entrevue」や動詞「s'entrevoir」です。もともとは王族との正式な会議を表すものでした。権力の非対称性に注目してください。会話を開始するには、一般人が近づけない人（王族）の承認が必要です。

アラビア語の解釈は違います。インタビューはアラビア語では「mulahqat」です。これは誰かと面談することを意味します。フランス語と違い、この定義には対称性があります。つまり、両者は対等な立場にあります。中国語の「访问」も似ています。こちらのほうが対等でバランスのとれた意味があります[*1]。

---

1 Pleco Basic Chinese-English Dictionary, cf. fǎngwèn (Beijing: Foreign Language Teaching and Research Press, 2017), iOS app.

プロダクト開発におけるインタビューは、これらの要素を組み合わせたものです。インタビューによって、ユーザーの日常体験の未知の部分にアクセスできます。私たちは対面で、相手のニーズ、そのニーズを現在満たしているもの、ソリューションを見つけるまでの課題を理解しようとします。ユーザーは、自分の日常的な作業の流れを教えてくれます。そうすることで、ユーザーがどのように考え、感じ、行動するかについて、細かな意味合いも含めた豊富な情報を受け取ることができます。

そのためには個人的なつながりが必要です。ただし、友人同士の雑談の会話とは違い、インタビューには目的があります。インサイトがありそうな周辺の情報に耳を傾けながら、リサーチクエスチョンの範囲内で会話を維持することが求められます。

インタビューは、多目的なリサーチ手法です。本質的にオープンなものであり、課題を深堀りできることから、「生成的」「記述的」「評価的」のどの種類のリサーチプロジェクトでも使用できます。また、さまざまなステージで使用できます。インタビューを最大限に活用するには、インタビューをする理由や時期によってやり方が違うことを理解しておきましょう。

5.3　インタビューの準備

カフェに行ってランダムな質問をすることを「リサーチ」とは呼びません。第4章では、インタビューの計画と準備、手法の選択、参加者の発見、フィールドガイドの作成などを学びました。インタビューを円滑に進めるには、当日の準備も重要になります。

インタビューは個人的なつながりを作るため、相手から簡単に影響を受けてしまいます。そうするとリサーチの質が下がります。話に耳を傾けられず、細かな意味合いに集中できず、心がさまよってしまいます。インタビュアーが集中できなければ、準備はムダになるでしょう。あなた自身の準備ができていなければ、リサーチクエスチョンの選択も、参加者の発見も、フィール

ドガイドの作成も、すべてがムダになります。

　では、どのように準備すべきでしょうか。参加者から情報を手に入れる
チャンスは二度と訪れないかもしれません。したがって、必要な情報を見逃
さないように構造に従うことが重要です。できるだけ多くのインサイトを入
手できるように、インタビューの準備をうまくやるための3つの方法があり
ます。

●インタビューのコンテクストを思い出す

　フィールドガイドを見直して、リサーチクエスチョンとそれを選んだ理
由を思い出しましょう。これから話をする参加者のリストも見ておきま
しょう。

●自分を大事にする

　疲労、空腹、喉の渇きは、インタビューの邪魔になります。インタビュー
の前に、十分な睡眠、食事、水分を確保しておきましょう。また、トイ
レにも行っておきましょう。コーヒー、紅茶、タバコが自分の心に与え
る影響を把握して、消費量を制御しましょう。アラスはインタビューの
前に紅茶を一杯飲みます。父親が紅茶を飲んで眠りについていたからで
す。自分の身体のことは自分が一番よくわかっているはずです。参加者
に集中できるように、自分自身をいたわってください。インタビュー前
に身体を動かすことも休息になります。気持ちを切り替えて、インタ
ビューに集中しましょう。

●パートナーを大事にする

　あなたがインタビュアーのとき、パートナーは記録係として右腕になっ
てくれます。記録係は重要なポイントを追いかけ、分析で重要になりそ
うなところをメモします。記録係もフィールドガイドに目を通している
ので、あなたが重要な質問やフォローアップの質問を忘れても代わりに
質問してくれます。感情的な反応に心を奪われたり、正気を失ったり、
重要なポイントを見逃したときのバックアップにもなってくれます。イ
ンタビューの前にお互いのことを確認しましょう。フィールドガイドを

一緒に読むのもいいでしょう。

　健康は肉体的な側面だけでなく、感情的な側面も気にかける必要があります。精神状態はインタビューの成功に大きな役割を果たします。仏教の僧侶でもなければ、瞬時に感情をコントロールすることなどできません。感情をコントロールするのではなく、注意力を最適化しましょう。オフィスを離れる前に、メールやメッセージなどの気が散るものを片付けて、目の前のタスクに集中できるようにしてください。

　はじめての場所に行くときは、行きたくなくてもトイレに行くようにしましょう。短い時間でしょうが、周囲を見て回ることもできます。壁の装飾に気づくかもしれません。おしゃれなカフェを見つけることもあるでしょう。そうしたことがすべてインタビューの話題になります。ただし、職場、工場、作業場であれば問題ないかもしれませんが、自宅、寮、個室を訪問するときは十分に配慮しましょう。

5.4　インタビューの最中

　インタビューは準備が大切であることを学びました。リサーチクエスチョンを理解して、参加者を選び、フィールドガイドを作成し、自分をいたわりましょう。それができたら、計画を実行に移して、参加者と話をします。

　最初は参加者と距離があるので、インタビュアーが会話の目的とトピックを決めて、参加者にはそれに従ってもらうようにします。準備にどれだけ時間をかけても、インタビューが始まるとやるべきことは同じです。会話が自由に流れるように、適切なレベルまで距離を縮めるのです。

　インタビューを始めるときは、自己紹介をしてから、なぜリサーチをしているのかを説明しましょう。詳細を説明しすぎると参加者の負担になるので注意しましょう。また、このときに口頭や書面で、必要となる同意を得ましょう。

最初は、天気、スポーツ、交通渋滞といった、社交的な会話が自然に発生します。ここからインタビューの軌道が大きく外れる可能性があります。参加者の気持ちを楽にさせるために雑談の会話を始めた結果、インタビューに求められる共感の会話に戻れなくなるのです。社交的な会話には注意しましょう。午後のおしゃべりではなく、相手の話から学ぶ必要があることを忘れないでください。しばらく雑談の会話を続けても構いませんが、いずれ共感の会話を始めることを忘れないでください。

　何度もインタビューするときは、繰り返しの効果に注意してください。多くの参加者にインタビューしていると、質問に対して鈍感になっていきます。目の前の参加者に興味を持たず、答えを手に入れるためだけに質問するようになります。インタビューをするときは、常にはじめての相手にインタビューしていることを思い出してください。質問は同じかもしれませんが、インタビューの体験は同じではありません。

　繰り返しの効果を回避する方法のひとつは、フィールドガイドを参照することです。用意した質問に目を通して、最初の質問として適切なテーマを選択してください。ただし、フィールドガイドはアンケート調査ではありません。ガイドに忠実に従う必要はありませんし、自分を制限する必要もありません。フィールドガイドに記載されていないフォローアップの質問をしても構いません。「もう少し詳しく教えてもらえますか？」「最後にそれをやったのはいつですか？」のようなシンプルな質問でも構いません。しばらくすると、フィールドガイドの質問よりもフォローアップの質問のほうが多くなっていることに気づくでしょう。リサーチクエスチョンにフォーカスしており、準備したテーマに沿っていれば、何も問題ありません。

　質問が終わったらやるべきことはひとつだけです。**黙って話を聞きましょう**。ボディランゲージやアイコンタクトを交えながら、話を聞いている姿勢を積極的に示しましょう。ただ黙って相手を見つめるのではなく、「興味深い話ですね。話を続けてください」と思いながら見つめましょう。参加者が何かを見せてくれたら、そちらに目を向けましょう。心のなかで「やばすぎる！　マジかよ！」と興奮気味になったとしても、リアクションは中立的で

落ち着いた感じにしましょう。大げさなほうがラポールを築けると思うかもしれませんが、そうなることはありません。インタビューをすると雑談の会話になりがちですが、雑談の会話はインサイトを手に入れるには効果的な方法ではありません。

　中立的で落ち着いた感じというのは、感情を抑えることではありません。参加者が悲しい話をしたときは、悲しい気持ちを自然に表現しましょう。参加者が幸せな話をしたときは、うれしい気持ちを自然に表現しましょう。どちらも過剰に反応する必要はありません。自然なほうが参加者にも受け入れられやすいです。ただし、参加者の話にイライラさせられたり、心を傷つけられたりすることもあります。そういうときは、記録係のパートナーを頼りましょう。

　うまくいくとインタビューの途中で流れが変わります。参加者が「本気で話を聞いてもらえる」と信じ始めるポイントがあるのです。このターニングポイントを超えると、参加者から質問の答え以上のものが得られます。社会性フィルターを取り除き、ときには鋭い意見も交えながら、個人的な文脈や生き生きとした詳細を正直に教えてくれるはずです。また、物語や感情も共有してくれるでしょう。ここから価値のあるインサイトが得られます。たとえ同じ質問をしていても、アンケート調査とインタビューが大きく違うのはこのポイントからです。Steve Portigalは、この瞬間を「質問—応答」から「質問—ストーリー」への移行であると表現しています*2。このターニングポイントは、インタビューのどの時点でも発生する可能性があります（インタビューが終わって部屋から出ていくときに発生することもあります）。逆にまったく発生しない可能性もあります。インタビューのスキルを磨き、参加者とのつながりを深めていけば、会話のなかで発生する可能性が高くなります。

---

2 Steve Portigalの著書『Interviewing Users: How to Uncover Compelling Insights』(Rosenfeld Media)（邦訳：『ユーザーインタビューをはじめよう―UXリサーチのための「聞くこと」入門』スティーブ・ポーチガル著、安藤貴子訳、ビー・エヌ・エヌ、2017年）より

参加者が質問に答えるのは、簡単なことではありません。そのことを忘れないでください。しっかりと準備した質問は、これまでに聞かれたことのない質問なので、鋭い感じを与えるかもしれません。参加者が回答を拒否することもありますが、それでも構いません。参加者の感情を認め、フィールドガイドの次のテーマへ進み、話してもらいやすいテーマを見つけましょう。インタビューは取り調べではないことを忘れないでください。フィールドガイドのすべての質問に答えてもらう必要はありません。質問に対して質問を返す、受動的攻撃性を持つ参加者もいます。質問を返されたときは、インタビューが終わるまで待ってもらいましょう。「質問に答えるのは私ではなくあなたですよ」と言ってしまうと逆効果です。参加者との間に大きな壁ができてしまいます。

　インタビューが終わりに近づくと、2つのクロージングが必要です。1つ目は、**インタビューのクロージング**です。インタビューで聞いたことをまとめましょう。ただし「○○は素晴らしかったです」「○○には驚きました」のような個人的な意見は述べないでください。気持ちはわかりますが、インタビューの答えに正しいものと間違ったものがあると思われてしまいます。

　参加者に報酬やギフトを渡すとしたらこのときです。ただし、注意力は維持しておきましょう。参加者に何か質問はあるかと聞いてみると、「他の人の答えはどうだったか?」「集めたデータをどうするのか?」「これから他の人にもインタビューするのか?」と聞かれることがあります。質問を質問で返してきた参加者がいれば、この時点なら答えても問題ありません。

　2つ目は、**感情のクロージング**です。インタビューで抑えていた感情を元に戻しましょう。親しい人を失った話や個人的なトラウマなど、心に深く刺さる話を参加者から聞いてしまうことがあります。あなたも誰かに話を聞いてもらいたくなるかもしれません。参加者の感情と同様に、あなた自身の感情も認めましょう。ただし、インタビュー中は参加者の話を聞くためにその場にいることを忘れないでください。あなたが自分の話をしたくなり、参加者が話を聞くと言ってくれたとしても、インタビューが終わるまでは待ちましょう。また、あなたは参加者のセラピストではありません。心理的なサ

ポートが必要だと感じたなら、専門家を紹介してあげましょう。参加者がプロダクトの使い方を間違えていたり、何か困っていたりしたら、ヒントや情報を提供しましょう。会話で触れた内容で参加者の役に立ちそうなこと（お勧めのレストランやお得なサイトの情報）があれば、ここで共有しておきましょう。

　最後に、インタビューが終わったら、記録係のパートナーと予備的な分析を開始することを忘れないでください（第7章で詳しく説明します）。

5.5　リモートでインタビュー

　「インタビュー」という言葉を聞くと、参加者の部屋に2人が座っている状況を想像するかもしれません。対面はインタビューの最も一般的な形式です。参加者と同じ空間にいたほうが、個人的なつながりが生まれやすいので、リサーチャーも対面を好みます。参加者のジェスチャーを見ることができますし、参加者もリサーチャーもボディランゲージで自分を表現できます。参加者の領域なので、インタビュアーは参加者（あるいは組織や家族）がどのように環境を整えているかを観察できます。こうした情報は、質問を明確にするコンテクストとなり、分析を豊かにするデータを生み出します。

　リモートでインタビューするようになっても世界が終わるわけではありません。参加者と同じ空間にいることができなくても、アンケート調査に逃げる必要はありません。リモートのインタビューから素晴らしい結果を手に入れることも可能です。COVID-19のパンデミックのせいで、私たちはリモートに切り替える必要がありました。治療法が見つかるまでは、対面のリサーチ活動はリモートで実施することになるでしょう。治療法が見つかったとしても、利便性と安全性の観点から、リモートを好む人もいるでしょう。

　リモートにするとメディアは違いますが、対面と同じように扱うべきです。むしろ、リモートのほうが細かなところに注意を払う必要があるでしょう。リモートだとラポールの構築が難しくなるからです。

使用するメディアに関しては、ビデオでも電話でも問題ありません。私たちは接続された社会に生きているため、ビデオチャットにも慣れています。リモートでも対面と同じように快適に過ごせるでしょう。参加者が見えるため、インタビューではビデオのほうがいいでしょう。ただし、双方の接続に問題がないことを確認してください。接続に問題があると個人的なつながりが失われる可能性があります。ノイズやエコーのキャンセリング機能があるビデオ会議ソフトを使えば、騒がしい環境でもある程度は問題を軽減できます。ビデオが使えないときは電話を使うことになります。しかし、電話はどこにでもあり、信頼性が高いメディアですが、相手のジェスチャーが見えませんし、ノイズの問題が発生する可能性もあります。

　対面が可能であっても、リモートのほうが望ましい場合もあります。対面だとインタビュアーが参加者の領域に入っていく必要がありますが、リモートだとそれがないので参加者はリラックスできます。距離があるほうが安心なのです。立場の弱い人たちをインタビューする場合、リモートのほうが相手の身元を保護できます。リスクの高い地域の人たちをターゲットにする場合、安全上の理由からリモートインタビューを選択すべきです（パンデミックのときは特にそうです）。リモートインタビューのほうが距離が離れていて、個人的なつながりが生まれにくいからこそ、デリケートなトピックやプライベートなトピックについて話しやすいこともあります。実際、相手が見えない電話のほうが話しやすいという人は多いのです。ただし、相手が見えないと感情を見逃しやすいことを忘れないでください。見逃したところに話を戻したいときも、あまり強くは要求しないようにしましょう。また、音声だけでは個人的なつながりはできませんし、相手が作り話をしているかどうかも判断できません。

　最後に、ビデオ会議は疲れます。小さな画面から相手のボディランゲージを読み取ろうとすると、気づかないうちに脳に負荷がかかっているという話もあるようです。これはリサーチャーと参加者のどちらにも当てはまります。

幸せな結婚生活を送っていたら

Motivate Designの Mona Patelは、COVID-19よりずっと前からリモートの手法を使っていました。住宅ローンアプリのテストをするプロジェクトでは、予算や時間をかけずに地理的な範囲を広げたいと思い、リモートインタビューを選択しました。同じ空間にいないからこそ、参加者はアプリの使い方以上の深いトピックをオープンにしてくれるのでした。

ある参加者が、住宅ローンの申し込みについて説明してくれました。住宅ローンは自分の名義か夫婦の共同名義のいずれかで申し込むことができます。Monaがどちらを選んだのかと聞くと、思いがけない答えが返ってきました。

> 幸せな結婚生活を送っていたら、2人の共同名義にしたと思います。

これは夫婦が距離を置くための住宅ローンでした。おそらく別れるつもりだったのでしょう。もはやユーザビリティに関する会話ではありません。もっと深いニーズに関する会話でした。音声だけでやり取りをしたからこそ、本当の理由を聞くことができたと、Monaは考えています。

5.5.1 ビデオインタビューのヒント

以下のヒントを参考にすれば、ビデオインタビューを対面インタビューに近づけることができます。

- スマホよりもパソコンを使いましょう。そのほうが快適に使えます。充電が必要であれば、充電ケーブルも用意しておきましょう。
- 録画をローカルに保存する場合は、ディスク容量が十分に残っているかを確認してください。クラウドに保存できるツールもあります。クラウドに保存する場合は、個人情報や機密情報の扱いに注意しましょう。

- すべてのアプリを終了しましょう。あるいは別のユーザーアカウントに切り替えましょう。そのほうがパフォーマンスが向上するという理由もありますが、通知等に惑わされずに参加者に集中できることが主な理由です。
- 事前にインターネットの接続をテストしましょう。問題が発生した場合に備えて、バックアップ用の回線を用意しておきましょう。
- カメラを目線と同じか、少し下になるように設置しましょう。リサーチャーとパートナーが同じ空間にいるのであれば、2人が同じフレームに収まるようにしましょう。収まりきらないときは、パートナーが少し後ろに座るなどして、2人の顔が見えるようにしましょう。一人でインタビューするときは、ニュースキャスターのように上半身が映るようにしましょう。また、照明の効いた場所を探しましょう。明るいほうが表情やジェスチャーが伝わりやすいです。
- 顔と手が見えるようにカメラを調整しましょう。ジェスチャーが伝わりやすくなります。参加者にも同じようにカメラを調整してもらいましょう。
- 何度もカメラを見ましょう。参加者のジェスチャーを見逃す可能性はありますが、カメラを見たほうが参加者はつながりを感じるはずです。カメラの横に目玉や顔のシールを貼っているリサーチャーもいます。メモをとるために下を向く必要はありません。あとで録画を見れば詳細はわかります。
- 参加者が話を聞いてもらえていると感じられるように、相づちやうなずきをしましょう。対面では伝わるかもしれませんが、細かな反応はビデオに映らないことがあります。声や表情を大きくして、参加者に伝わるようにしましょう。
- 参加者とラポールを築くことは、対面よりも難しいと言われます。その原因のひとつは、画面ばかりを見て、相手とアイコンタクトができていないからです。この問題を解決するために、Apple が2019年に新しいテクノロジーを導入しました。iOS 13のFaceTimeでは、目の位置を検出して、AR技術で視線を相手に向けているかのように見せることができます。
- 参加者が準備する時間を考慮に入れましょう。画面共有や複数のデバイ

スの使用が必要になるユーザビリティ調査では特に重要です。

- 参加者がスマホを使っている場合は、スマホを安定した場所に置いてもらいましょう。そのほうが快適に会話ができます。

- ヘッドセットを使いましょう。目立たない無線のイヤホンが最適ですが、有線のヘッドホンでも問題ありません。DJ用やゲーム用のヘッドセットはやめておきましょう。音質は良いかもしれませんが、参加者の気が散る可能性があります。細かな見た目の話と思うかもしれませんが、大きな違いがあります。

- スマホのビデオはさまざまな活用法があります。たとえば、参加者に周囲の環境や作業風景を見せてもらうことができます。

- ビデオで作業風景を見せてもらう場合は、参加者とは別に「リポーター」に同席してもらうといいでしょう。参加者が作業している様子をリポーターにカメラで撮影してもらうのです。

- ビデオで作業風景を見せてもらう場合は、実際の様子がわかるように慎重に進めましょう。作業手順を細かくしてもらい、説明にも耳を傾けましょう。見たことや思ったことを確認しましょう。気になるところがあれば指摘しましょう。対面でやるよりも手間がかかるため、セッションの時間や内容を調整してください。

　以上の項目を事前に確認することで、参加者に集中できるようになります。また、参加者との個人的なつながりが生まれやすくなります。

5.5.2　電話インタビューのヒント

　ビデオインタビューのヒントのほとんどは、電話インタビューにも当てはまります。基本的には、対面のセッションと同じように扱ってください。

- ヘッドセットを使い、直接会っているかのように振る舞いましょう。快適な椅子に座りましょう。静かなプライベートな環境でインタビューしましょう。参加者と同じ部屋にいると想像しましょう。それから、対面インタビューのときと同じような服装にするのもいいでしょう。

- ヘッドセットをつけていれば、両手でジェスチャーができます。ボディ

ランゲージで重要なのはジェスチャーと姿勢です。お互いにジェスチャーを見ることはできませんが、ジェスチャーをすることで感情をうまく表現できるようになります。

- 自分がジェスチャーをしていることに気づいたら、それを声に出しましょう。たとえば、うなずいていたら、温かく「なるほど」と言いましょう。納得できずに目を細めていたら、「うーん」や「え？」と言いましょう。声を出すときは参加者の邪魔にならないようにしましょう。「なるほど、なるほど」と連呼しないようにしましょう。参加者の気が散りますし、つながりが失われます。自分のジェスチャーを声に出すだけにしておきましょう。

友人や同僚とおしゃべりをしているのではなく、インタビューをしていることを忘れないでください。

5.6　会話の記録

前のセクションでは、参加者との会話がどれだけ難しいかを説明しました。注意力を傾け、自分の反応をコントロールして、周囲の環境や言葉にならない参加者の合図に気づくのは簡単なことではありません。メモをとるとさらに難しくなります。でも、安心してください。構造化されたメモをとるようにすれば、参加者に集中できるでしょう。

5.6.1　構造化されたメモ

リサーチのメモに関する最大の誤解は、文字起こしが必要だというものです。新人のリサーチャーの多くは、会話を思い出せるようにすべてを書き留める必要があると思っています。また、発言を文字にすることと、発言に注意を払うことを同一視しています。一言一句を書き留めておけば、思いついた考えやアイデアに振り回されることなく、相手の発言に集中できると考えているのです。

プロダクトリサーチでは、メモをとりすぎてはいけません。経験豊富な速記者でもなければ、メモをとりながら、参加者が何を言っているのか、どのように言っているのかを把握することはできません。逐語的なメモをとるには、注意力とスタミナが必要です。話を聞きながらすばやくメモをとり、書き留められなかったことを忘れないようにしながら、次に相手が言おうとしていることを追いかける、というのは非常に難しい作業です。また、真剣に相手と向き合わなければ、ラポールを築くことはできないでしょう。その結果、参加者の回答の質が大幅に低下してしまいます。

　プロダクトリサーチで構造化されたメモをとる目的は2つあります。1つ目は、観測結果を思考やソリューションから切り離すためです。興味深い話を聞いていると、すぐに結論に飛びつきたくなります。構造化されたメモを書けば、それらを切り離すことができます。また、プロセスがシンプルになるため、重要な瞬間を捉えやすくなります。あとで詳細を確認するときに、メモを録音のインデックスとして使うこともできます。

　2つ目の目的は、ふりかえりのテーマを強調するためです。インタビューで興味を引かれた瞬間にメモをとりましょう。反省点を書いても構いませんが、会話中に考え込んではいけません。構造化されたメモを書いておけば、あとでパートナーと思い返すことができます（第7章で詳しく説明します）。

　これらの目的を達成するために、2つのテクニックが使えます。「テンプレート」と「省略記号」です。それぞれ見ていきましょう。

テンプレート

　メモのテンプレートを使うと、相手の話を聞きながら集中すべきところを思い出せます。テンプレートはシンプルな入力フォームのようなものです。会話のさまざまなところに注意を払うことができます。テンプレートを使用すると、インタビューの流れが把握でき、ギャップ、不整合、パターンに気づくことができます。学生の頃に構造化された講義ノートを使用したことがあるかもしれません。有名なのは、ページが「要約」「ノート」「質問」のセ

クションに分割された**コーネル式ノート**（https://oreil.ly/zNa6C）です。

　医師は患者の記録をつけるために、**SOAPノート**と呼ばれるテンプレートを使用しています。SOAPとは、Subjective（主観的情報）、Objective（客観的情報）、Assessment（評価）、Plan（計画）の頭文字です。テンプレートが用意されているので、何を記録および伝達すべきかを忘れることがありません。また、構造があることで、他の医療関係者が患者の履歴や活動を理解できるだけでなく、電子的なメモとして分類や検索が可能になります。

　リサーチセッションにおける最大の課題は、リサーチャーとしての内部プロセスを管理しながら、新しいデータの流入に対応することです。本書の原則に従えば、選抜された参加者から驚くべきデータが手に入るはずです。それは膨大な量になるでしょう。そこから適切な項目を選択する必要があります。

　内部プロセスの管理は難しいものです。参加者が驚くべきインサイトを共有してくれたとき、あなたの心はソリューションのモードに突入します。今後の道筋や改良点について考え始めてしまいます。データやアイデアがあふれてくるのは素晴らしいことですが、会話に集中できなくなり、質の高い情報が遮られる可能性があります。

　リサーチセッションでは、3種類のことを分けて書き留める必要があります。それは**観測結果、見解、行動**です。

● **観測結果：あなたは何を見聞きしましたか？**
　　このセクションには、あなたが見たり聞いたりしたことを書きます。目の前で起きたことや参加者から聞いたことを書くだけです。会話中に考えたことは次の「見解」セクションに書きます。参加者の発言もこのセクションに書きます。

● **見解：観測結果についてどう思いましたか？**
　　このセクションには、会話中にあなたが考えたことやコメントを書きま

す。アイデアを書くこともできます。タスクは次の「行動」セクション
に書きます。デブリーフ（後述）の最中や分析の前に、このセクション
にすばやく目を通します。

● 行動：タスクはありますか？

ここはあなたのTO-DOリストです。「考えられる新機能についてプロダ
クトマネージャーと話をする」「セッション後に参加者に○○を送る」な
どのタスクを書きましょう。オフィスに戻ったあとにすばやく目を通し
て、必要な行動につなげることができます。

　紙を3つのセクションに分割しましょう。このとき「見解」と「行動」は
狭くしておきます。メモにとるのは自分の考えよりも、実際に見聞きしたこ
とだからです。この分割は紙以外にも使えます。たとえば、ユーザビリティ
調査をリモートで見ている人がいるときは、ホワイトボードを3つに分割す
るといいでしょう。

省略記号

セクションを分割したくないときは、省略記号を使うこともできます。
私たちは以下の省略記号が便利だと思っています。

省略記号なし

「観測結果」は省略記号が不要です。

>

行頭に書くと「見解」を表します。

@

行頭に書くと「行動」を表します。

?

フォローアップの項目を表しています。頭に浮かんだ質問、気になった

答え、もっと詳しく聞きたい答えなどを書いておきます。

"

リサーチの結果のなかで強調したい参加者の発言を表しています（第8章で詳しく説明します）。

d

debrief（デブリーフ）の略です。パートナーとセッションについて話し合ったときに書くメモです。本章ではこれからデブリーフの重要性について説明します。デブリーフのメモは最後のところに書くか、話し合った内容の隣に書いておきます。二次的なものなので「見解」とは違うマークを付けておきます。デブリーフのメモは分析の準備をするときにも役立ちます。

強調マーク

何かを強調したいときは下線、星印、ボックスを使ってください。ただし、使いすぎないようにしましょう。すべてを強調していると、何も強調していないのと同じです。また、できるだけ慎重に使いましょう。あなたが熱心に星印を付けているのを見ると、参加者はこれ以上話したくなくなる可能性があります。

以上は私たちが使っている例です。みなさんも自由に記号を使い分けてください。ただし、セッションの流れがわからなくならないように、記号の種類はできるだけ少なくしておくことが重要です。

分析のためにデータを用意することは、リサーチプロセスの重要なステップです。参加者の発言の文字起こしや、情報の分類なども含まれます。意外に思われるかもしれませんが、すべてのセッションが終わってからこのステップを開始するわけではありません。最初のセッションが終わった直後に開始して、その後のセッションと並行しながら、継続的な分析プロセスとして実行していきます。

5.6.2 デジタルツール

メモに使えるデジタルツールはいくつもあります。構造化されたメモがとれるものもあります。ただし、会話にデジタルツールを持ち込むと、参加者も含めて気が散る可能性があります。参加者に注意を払いながら使うには「ペンと紙」が最適であると私たちは考えています。

分析のために録画したセッションを見るときや、リモートでセッションに参加するときは、デジタルツールが便利です。ノートPCでメモをとっていても、参加者の気が散ることはありません。ReframerやEnjoyHQなどリサーチ用のアプリを使うこともできます。「観測結果」「思考」「行動」の列があるスプレッドシートや、事前に作成したカテゴリーにチェックを付けるだけのスプレッドシートを使うこともできます。

レインボーチャート

レインボーチャートとは、ユーザーリサーチのデータを記録して、まとめて分析するためのスプレッドシートです（図5.1参照）*3。ユーザビリティ調査、日記調査、フォーカスグループ、インタビューなどの参加者の行動を左端の列に書きます。右側の列には、参加者の名前と色が割り当てられています（P1は茶色、P2は赤色、P3はオレンジ色など）。参加者が行動を示したら、対応するセルに色を塗ります。

レインボーチャートは、チームでデータを記録するときに使えるツールです。ユーザビリティ調査に使うと便利です。複数のリサーチャーが同時に結果をまとめることができます。そこからインサイトの重要な部分もわかります。チームのみんながこのスプレッドシートを閲覧して、参

---

3 レインボーチャートの詳細は、Tomer Sharonの著書『It's Our Research: Getting Stakeholder Buy-in for User Experience Research Projects』（Morgan Kaufmann）を参照してください。

加者の行動パターンを特定できます。あとから誰かと共有することもできますし、外部のステーホルダー向けのプレゼンの素材にすることもできます。

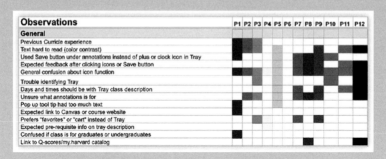

図5.1　レインボーチャート（出典：https://oreil.ly/4vm6x）

5.7　インタビューの終了後

インタビューから出てくるのは、検討すべき新しい情報、体験、データポイントです。それらを分析で使えるように、インタビューの直後に行うべきことがあります。これには2つの目的があります。まず、体験した感情を理解して「土台」を作ることです。そして、分析を開始しやすくすることです。

5.7.1　デブリーフ

インタビューが終わったら、パートナーとデブリーフ（ふりかえり）をしましょう。2人ともメモをとっていると思いますが、作成物（第6章参照）、写真、ビデオ、録音などもあるでしょう。また、2人ともさまざまな思考や感情があふれているはずです。感情や記憶が新鮮なうちに、インタビューをふりかえり、メモを確認して、意見を交換しておきましょう。録音を聞いて事実を確認したり、そのときのことを一緒に思い出したりするのもお勧めです。

インタビューしたときのバイアスに気づくこともあるでしょう。私たちは

人間です。バイアスがあっても問題ありません。ただし、バイアスが分析に入り込まないように、メモに書いておきましょう。バイアスを自分で認識することが重要です。なぜバイアスが発生したのかを自分に問いかけましょう。それは参加者が言ったことですか？　あなたが見たことですか？　ある答えを期待していたのに、別の答えを耳にしたのですか？

　バイアスの原因として考えられるものをすべてメモしてください。それが終わったら、今後のインタビューで自分のバイアスに気づくための方法を考えてください。インタビューに行く前に資料を確認できますか？　参加者のスクリーナーを詳しく調べることができますか？　バイアスを確認できるように、最初の質問として使える安全な質問はありますか？　バイアスを防ぐために、インタビューの前に何かできること（瞑想する、手にメモを書く、大声で宣誓する、動画を見る、お守りを握るなど）はありますか？　バイアスを修正するには絶好の機会です。また、貴重な成長の機会でもあります。リサーチパートナーと経験を共有すれば、一緒に成長できるでしょう。

離れて考えてみよう

アラスはタバコを吸いませんが、多くのペアがタバコを吸いながらデブリーフしています。タバコを吸うために屋外に出ると、インタビューの場から物理的に離れることになり、ふりかえりも気楽にできます。何時間もタバコを吸うことはできないので、時間制限が生まれ、内容も簡潔になります。

リサーチャーはタバコを吸うべきだと提案しているわけではありません。リサーチプロセスにタバコの時間を含めるべきだと言っているわけでもありません。インタビューの場から物理的に離れることができ、パートナーと一緒にリラックスした社交的な雰囲気の時間を過ごすことができ、時間制限のある社会的習慣ならば、何でも構いません。

5.7.2 分析の準備

インタビューが終わったら、メモに注釈を書き加えます。違う色のペンを使うか、注釈だとわかる省略記号を付けましょう。写真については、アップロードするときにメモを書いておきましょう。動画については、あとで見返せるようにタイムスタンプと一緒にメモを書いておきましょう。分析用のタグを使うこともできます。分析のプロセスについては、第7章で説明します。

最初に分析すべきなのは、ユニークで興味深い概念や文章です。これらにマークを付けておくと、あとですぐに戻ってくることができます。また、自分でも思い出しやすくなります。「参加者8」とするよりも「圧力鍋でワインを作った男性」としたほうが、記憶に残りやすいでしょう。

最後に、上空4万フィートまでゆっくりと上昇しましょう。今回のメモはこれまでのメモと比較してどうですか？ 興味深いものはありましたか？ パターンは浮かび上がってきましたか？ まだ思い込みがありますか？ 直面している課題はバックグラウンドリサーチですでに判明していたものですか？

メモの確認、ふりかえり、パートナーとの話し合いによって、あなたは無意識のうちに特定の思考、行動、インサイトの頭になっています。第2章で説明したアンカリング効果と終末効果を思い出しましょう。これらの効果を認識してから、気持ちを切り替えて、次のインタビューに取り組んでください。

5.8 重要なポイント

◎インタビューとは、個人的なつながりによって実現する質問と答えの流れです。個人的なつながりが重要です。それがインタビューとアンケート調査を区別するものです。

◎インタビューの前に肉体的および感情的な準備をしましょう。パートナーにも同じ準備が必要なので、協力して準備しましょう。

◎共感的な会話をするためにその場にいることを忘れないでください。これは取り調べではありません。質問したあとは口を閉じて耳を傾けてください。

◎分析を開始するのに最適な時期は、インタビューの直後のデブリーフです。メモを比較し、予備的なタグを記入して、記憶に残った瞬間をメモしましょう。

◎可能であれば、ユーザーがいる場所に訪問してインタビューしましょう。リモートの場合は、個人的なつながりを築けるように、対面よりも慎重になりましょう。

ユーザーからプロダクトの使い方を
教えてもらうのではなく、
実際に使っているところを
見せてもらえるでしょうか？

第6章

Rule 6.

会話では
うまくいかないときもある

ユーザーの行動・体験・思考のインサイトを手に入れたいなら、インタ
ビューが役に立つでしょう。しかし、インタビューがうまくできても、全体
像をつかむことはできません。マイケルは、ボストンを拠点とするデザイン
会社Fresh Tilled Soilでクライアントエンゲージメントのプロジェクトに参
加していました。このプロジェクトは、インタビューだけでは優れたプロダ
クトリサーチにならないことを示しています。

マイケルのチームでは、クライアントのアプリの改善を手伝っていました。
建設現場にトラックを配車するアプリです。チームは、配車係、ドライバー、
プロジェクトマネージャーにインタビューして情報を収集しましたが、ある
ストラテジストは「何かを見落としている」と感じていました。彼女はクラ
イアントにお願いして、数日間チームメンバーを建設車両に同乗させてもら
うことになりました。そこで、ドライバーは配車依頼にどのように応答して
いるのか、ドライバーは携帯電話をどのように使っているのか、ドライバー
はどのあたりに苦労しているのかを直接見ることができました。車両に同乗
したことで、通信のタイミングや電波が弱いときのアプリの問題が浮き彫り
になりました。それらの問題はインタビュー結果からも把握できていました
が、実際に車両に同乗したことで、なぜそれが発生しているのかを理解する
ことができました。

ユーザーが体験を報告するとき、その説明には創作、間違い、バイアス（第

2章参照）が含まれることがあります。インタビュー以外のリサーチ手法を使用して、根底にある動機や願望を確認することが重要です。参加者に何をしているかを教えてもらうのではなく、実際に**見せて**もらいましょう。

　本章では、会話を超えるアプローチを紹介します。これらはすべて第5章で紹介したインタビュー手法に依存しています。本書の冒頭で述べたように、手法を網羅的に説明しようとすると百科事典になってしまいますので、プロダクトリサーチでよく使われる手法を取り上げ、次のレベルに到達するためのいくつかの方法を紹介します。

6.1　会話を超えて

　インタビューにインタラクティブな活動を追加すれば、どのように物事を行うのか、どのように意思決定しているのか、どのようにアイデアを概念化しているのかを参加者に見せてもらうことができます。会話を豊かにするツールなので、私たちはインタビューと関連付けて使っています。これらを使用すると、ユーザーの意見や自己申告ではなく、実際にユーザーが何をしているかを確認できます。参加者の興味をそそり、感情に訴えかけることができます。また、インタビューよりもめずらしいので、ラポールの構築が容易になります。会話を超えて共同作業までたどり着くと、インタビューでは得られなかった貴重なインサイトを発見できます。

　本セクションのテクニックを使えば、重要なインサイトが手に入ります。まずは、インタビューにインタラクションと深みをもたらす3つの手法「資料の収集」「思考の描画」「機能の購入」を説明します。次に、インタビューと他のアプローチを組み合わせた「カードソーティング」「ユーザビリティ調査」「フィールドイマージョン」「日記調査」の4つの手法を紹介します。

6.1.1 資料の収集

興味のある情報を見極めるのは簡単ではありません。予測できないタイミングで発生することもあれば、存在を忘れられていることもあります。参加者は経験を単純化しすぎる傾向があるので、深いインサイトを得ることができません。このような場合、インタビューや調査の前に参加者に資料を収集してもらうようにすると、有益な会話のきっかけとなります。

たとえば、先月の請求書を集めてもらうことができます。請求書でよくわからないところはありますか？　支出の内訳を把握できていますか？　請求書に対してどのようなことを感じていますか？　あるいは、仕事でムカついたメールを印刷してもらうこともできます。メールの内容を説明してもらえますか？　使用されている文体は？　送信された時間は？　CCの人数は？　資料の収集は、参加者にそれほど負担がかかりません。むしろ楽しんでもらえます。

車に置かれたモノ

インタビューは言葉のやり取りだけではありません。魅力的なインタビューにする方法はいろいろとあります。Intelの人類学者は、創造的な方法で車の使い方についてインタビューすることで、人々のモバイルテクノロジーとの関わり方を理解しました。創造的な方法とは、車に置かれたモノに関するインタビューでした[1]。

彼らは参加者の車の隣にシャワーカーテンを広げました。そして、車からモノを取り出してもらい、順番に説明してもらいました（図6.1参照）。なぜそこにあるのですか？　何に使うのですか？　それにまつわる話はありますか？　こうしたやり取りによって、車の話題だけでなく、社会

---

1 Genevieve Bell, "Unpacking Cars: Doing Anthropology at Intel," Anthronotes 32, no. 2 (Fall 2011).

的地位、家族関係、消費行動に関することにまで話題が広がりました。

図6.1　車に置かれたモノは持ち主を物語っている

　会話を盛り上げるために資料を用意してもらうこともあります。収集しても
もらった資料を分析することもできます。セッションのメモと同じように、
資料にもタグを付けて、分析で使用します（資料の収集と検討に用いる構造
化されたアプローチについては、日記調査のセクションで説明します）。

　参加者に資料の収集を依頼するときは、以下のヒントに従ってください。

- 最初にインタビューする前に、依頼した資料の種類を把握しておきま
  しょう。そうすれば、関連する質問や調査ができます。似たような資料
  を使って慣れておくといいでしょう。パイロット版もやっておきましょ
  う。
- 資料の収集は調査の一貫であることを参加者に伝えましょう。募集
  フォームにも書いておきましょう。また、あなたが必要とする資料を参
  加者が持っている可能性があるかどうか、参加者が資料の収集に協力的
  かどうかを確認できるように、スクリーナーに質問を追加しておきま
  しょう。
- 必要とする資料の種類を明確に記述しましょう。できれば例も示してく

ださい。

- 資料を持ち帰りたい場合は、事前に参加者に知らせてください。持ち帰らない場合は、持ち帰らないことを明確に伝えましょう。

- インタビューの前に資料を確認したいと思うかもしれません。そのほうが情報に基づいた質問を用意できるからです。参加者に資料を郵送してもらう必要はありません。メッセージングアプリで写真を何枚か送ってもらえば十分です。

- 依頼した資料がいつまでも届かないときは、穏やかなリマインダーを送信するようにしてください。

- 参加者が資料を持っていない場合に備えて、予備のシナリオを用意しておいてください。参加者が指示を誤解していたらどうしますか？　参加者の用意した資料が思っていたよりも少なかったらどうしますか？　貴重な時間をムダにしないように、フィールドガイドに予備の計画を用意しておきましょう。

- 慎重に扱う必要のある資料については、すでに参加者が同意してくれていたとしても、写真を撮る前に再度確認してください。

スミソニアン博物館が収集した
Black Lives Matter のポスター

図6.2　Black Lives Matter の抗議ポスター
（出典：Wikimedia Commons https://oreil.ly/67ULJ）

2020年5月25日、ミネアポリスでアフリカ系アメリカ人のGeorge
Floydが、彼を逮捕しようとした警察官に殺害されました。そのことを
受け、非常に広い範囲で抗議活動が起こり、米国および世界中の制度的
人種差別に注目が集まりました。こうした抗議活動は、さらに深い問題
に対する意見や感情が爆発したものでした。スミソニアン協会の学芸員
たちは、抗議活動の看板やポスターの収集を開始しました（図6.2参照）。
彼らの目的は、収集した資料によって抗議者たちの動機を理解し、未来
の世代のために記録を残すことでした[2]。

2　Statement on Efforts to Collect Objects at Lafayette Square," National Museum of African American
History and Culture (June 11, 2020), https://nmaahc.si.edu/about/news/statement-efforts-collect-
objects-lafayette-square.

6.1.2 思考の描画

「思考の描画」とは、参加者に問題やソリューションを視覚化してもらう方法です。参加者に絵を描いてもらうことで、情報がすばやく伝わります。インタビューやユーザビリティ調査では得られないインサイトが明らかになります。参加者には、家事の分担、仕事の組織図、朝のルーティン、高額なモノを購入するときの意思決定など、何でも描いてもらいましょう。

上手な絵を描いてもらう必要はありません。正確な絵である必要もありません。言葉以外の方法で参加者に表現してもらうことが目的です。気持ちよく絵を描いてもらいましょう。

ネットワーク図と検索エンジンの例

「思考の描画」は、人々がテクノロジーをどのように理解しているかをリサーチするときにも使えます。システムを正確に記述する技術的知識や語彙がなくても、絵を描くことで意見を表現できます。

ジョージア工科大学のリサーチャーは、参加者に自宅のネットワーク図を描いてもらい、推奨するデザインを考案しました（図6.3の上のスケッチ）[3]。同様に、ワシントン大学のリサーチャーは、参加者に検索エンジンの仕組みを絵にしてもらいました（図6.3の下のスケッチ）[4]。

---

3 Erika Shehan Poole et al., "More Than Meets the Eye: Transforming the User Experience of Home Network Management," DIS '08: Proceedings of the 7th ACM Conference on Designing Interactive Systems (February 2008), 455–464, https://doi.org/10.1145/1394445.1394494.

4 D. G. Hendry and E. N. Efthimiadis, "Conceptual Models for Search Engines," in Web Search, eds. A. Spink and M. Zimmer (Springer, Berlin, Heidelberg, 2008), 277–307, https://doi.org/10.1007/978-3-540-75829-7_15.

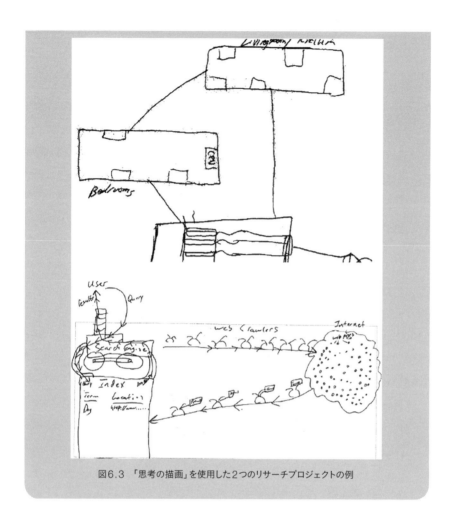

図6.3 「思考の描画」を使用した2つのリサーチプロジェクトの例

　よく耳にする不満は「絵が描けない」です。お手本を見せて、参加者を安心させましょう。ユーザーリサーチの専門家であるIntelletoのKate Rutterは「紙にマークを付ける」と表現しています。絵を評価することはないと伝え、安心してもらうことが重要です。絵の美しさは重要ではありません。描かれている情報が重要なのです。絵を描く手順を説明しましょう。いつでも描き直せることを伝えましょう。冒頭に短いチュートリアルを含めてもいいでしょう。

　C.トッドは、ビジュアルシンキングのXPLANE Consultingと仕事をした

ときに、点・線・曲線で構成された「ビジュアルアルファベット」を学びました（図6.4）。点・線・曲線だけでなく、角度・スパイラル・四角・円・雲などを使うこともできます。これらの要素を組み合わせれば、なんと絵ができます。単純な形を一緒に描いてみましょう。緊張を和らげることができます。

　絵と同じくらい重要なのが、絵を描いたプロセスです。絵の描き方から何がわかりますか？　参加者は最初に何を描きましたか？　どのように絵を修正していましたか？　最初に頭に浮かんだことを絵にすることが多いので、そこから参加者の態度や意見が明らかになります。

図6.4　Dave Grayが考案したビジュアルアルファベット

以下に「思考の描画」のヒントを示します。

- 正確な表現や芸術的な作品が目的ではないことを忘れないでください。
- 細部を気にしなくてすむように、先端の太いペンを用意しましょう。
- 快適に絵を描いてもらうには、紙のサイズが重要です。紙が大きすぎると、どこから描いていいのか、どれだけ描いていいのかわからず、怖じ気づいてしまいます。紙が小さすぎると、手を動かす前に頭のなかであれこれ考えてしまいます（そのときに削除された詳細が、あなたの求めていたものかもしれません）。まずはA4サイズで試してみましょう。あとは状況に合わせて調整してください。
- 不必要な詳細を描かないように、時間を制限するといいかもしれません。時間は柔軟に変更できます。時間が足りなくなったときは、何を描き足すべきかを聞いてから、一緒に詳細を追加しましょう。
- 参加者が絵を描いているときも気を抜かないようにしましょう。参加者

が何を選択してるかを見てください。できれば声に出してもらいましょう。

- 途中で描き直したり、最初からやり直したりしてもらっても構いません。古い絵も捨てないようにしましょう。分析で役に立つことがあります。
- 絵には参加者のコードを記入して整理しておきましょう。分析のときに簡単に見つけられます。
- 絵を描いてもらうのは、他のリサーチ手法でも使えます。日記調査では、体験のタイムラインを描いてもらうことができます。ユーザビリティ調査では、使用しているシステムの情報の流れを描いてもらうことができます。

「思考の描画」は、言葉以外の方法で考えを表現するシンプルで楽しい手法です。興味があれば、紙を使って組織のワークフローをモデル化する「ビジネスオリガミ」*5や、LEGOブロックで状況を表現して集合的なソリューションを生み出す「LEGOシリアスプレイ」(https://oreil.ly/5T-Nd) も試してみましょう。

6.1.3　機能の購入

「機能の購入」は、シンプルなトレードオフゲームです。参加者には予算が与えられ、その予算内で機能を選択します。「購入」できる機能の数には制限があるので、参加者は価値や優先順位に関するインサイトが得られます。このゲームでは、計画や戦略を立てることなく、すばやく意思決定する必要があります。

この演習の目的は、機能の優先リストを作ることではなく、価値基準を理解することです。したがって、参加者に購入理由について質問することが重要です。なぜその機能を購入したのですか？　購入したことを後悔している

5　David Muñoz, "Business Origami: Learning, Empathizing, and Building with Users," User Experience (July 2016), http://uxpamagazine.org/business-origami.

ものはありますか？　参加者に機能に対する根本的なニーズや動機を語ってもらいましょう。

以下に「機能の購入」のヒントを示します。

- 機能ごとにカードを用意してください。カードには機能の簡単な説明とコストを記入します。
- 技術的に高度なものであっても、常にユーザーの視点から機能を説明してください。「インメモリデータグリッドのサーバーレスアーキテクチャ」では参加者に伝わりません。ユーザーの利点を見つけてそれを説明しましょう。たとえば「信頼性の高いアプリに高速にアクセスできる」のようにします。
- サービスのバージョン、修正点、改善点に分けてカードを作ることもできます。ただし、ユーザーの利点を必ず明記してください。
- 機能の数を20くらいに制限しましょう。
- 機能のコストとは、プロダクトを生み出す会社全体のコストです。実装、サポート、マーケティングなど、すべてのコストを考慮に入れましょう。
- コストは開発の見積りではありません（整合性は必要です）。各カードのコストは15秒で見積もりましょう。スクラムの計画のような大げさなものにする必要はありません。ポイントベースの見積りから始めるといいでしょう。
- 本物の支出と比較できないように、偽物の通貨を使うといいでしょう。
- 価格はシンプルなものにしてください。たとえば、13.5、14、15.6、16.7のように細かく刻む必要はありません。すべて15で統一しましょう。
- 機能と予算の比率を3:1または4:1に設定します。たとえば、機能のコストが400の場合、プレーヤーには100の予算を与えます。それと同時に、最も高価な機能のコストが100を超えないようにします。
- ゲームが終わったら、半分の予算でもう一度やってみてください。参加者の優先順位にどのような変化があるでしょうか？
- このゲームのプレーヤーは一人です。複数人で機能を購入するバージョンもありますが、人間関係のダイナミクスの影響を受けやすく、参加者の動機を理解するのが難しくなる可能性があります。フォーカスグルー

プを推奨しないのと同じ理由で、私たちは複数人のバージョンを推奨し
ません。

6.2　カードソーティング

カードソーティングとは、与えられた項目を参加者がグループ化するシン
プルな演習です（図6.5参照）。さまざまな用途に使用できます。たとえば、
異なる概念の関係性を理解したり、ユーザーにとって意味のあるグループを
確認したりできます。アプリやウェブサイトのナビゲーション構造を示すと
きにもよく使われます。

図6.5　カードソーティングのセッション：参加者（右側）が企業アプリケーションの
情報テーブルにフィルターとソートオプションを当てはめている

カードソーティングを使えば、参加者のメンタルモデルを表現できます。
メンタルモデルとは、意見、優先順位、物事の見方などです。あるいは、何
かのプロセスを実行する順番かもしれません。インタビューやユーザビリ
ティ調査では見つけにくい思考に関するインサイトを発見する、迅速で、安
価で、簡単なリサーチ手法です。

カードソーティングにはオープンとクローズドの2種類があります。

オープンカードソーティングでは、参加者は自由にカードをグループ化します。グループの名前も自由に付けます。オープンカードソーティングは、新しいウェブサイトに機能を配置するときや、グループが適切かどうかを確認するときに使えます。

クローズドカードソーティングでは、参加者はリサーチャーが用意したグループにカードを分類します。クローズドカードソーティングは、オープンカードソーティングのあとでインサイトを深堀りしたり、ウェブサイトに新しいコンテンツを追加したり、プロダクトを関連するカテゴリーに分類したりするときに使えます。

C.トッドがカードソーティングを使ったのは、MachineMetricsでプロダクトのナビゲーションを作り直したときでした。リサーチクエスチョンは「ユーザーのメンタルモデルは何か？　どうすればナビゲーションを簡単にできるか？」でした。まずは、オープンカードソーティングを使用して、ページのカテゴリーを特定しました。次に、クローズドカードソーティングを使用して、ユーザーがカテゴリーをどのように解釈するのか、どの見出しの下にカテゴリーを配置すべきかを検討しました。

カードソーティングを使えば、参加者の傾向を明らかにできます。ただし、分析には時間がかかります。カードの枚数、グループの種類、参加者の人数が増えていくと、基本的な統計知識も必要になるでしょう。類似性を算出して相関関係を表せるオンラインツールもあります。対面であってもカードソーティングにはオンラインツールを使うことをお勧めします（OptimalSortとUserZoomが代表的な選択肢です）。参加者に物理的なカードを使ってもらいたい場合は、分析する前にデータをオンラインツールに入力するといいでしょう。

物理的なカードの場合は、広い壁かテーブルを使います。粘着性のあるカードを壁に貼り付けるよりも、大きなテーブルにカードを広げるほうが簡単です。

カードソーティングをしているときの会話は、完成したカードのグループと同じくらい重要です。参加者には声に出して考えてもらいましょう。気になることがあれば、質問しましょう。グループ化の理由を聞くときは、時間をかけて話を聞きましょう。

以下に「カードソーティング」のヒントを示します。

- カードの枚数に注意してください。枚数が少なすぎると、参加者の思考がわからない可能性があります。枚数が多すぎると、情報整理に時間がかかる可能性があります。私たちの経験では、参加者の理解の程度にもよりますが、20 ～ 50 枚が理想的です。40 枚以上になると参加者に精神的な負担をかけてしまいます。
- 一部を対象にしてオープンカードソーティングでカテゴリーを決めてから、対象を広げてクローズドカードソーティングでカテゴリーを確認すると効果的です。
- 可能であれば、参加者に提示するカードの順番をランダムにしましょう。
- 参加者からカードの内容について質問されることがあります。そのときは「あなたはどう思いますか？」と質問してから、自由にカテゴリーに入れてもらいましょう。セッションが終わったら、カードの内容をわかりやすくしましょう。
- 物理的なカードを使ったセッションが終わったら、カード全体を写真に撮るか、グループの名前とカードの番号をメモしましょう。あるいは、分析に使うツールにカードの内容を入力しましょう。
- セッションが終わったら、参加者に足りないと思うカードを聞いてみるのもいいでしょう。想定していなかったトピックを指摘されるかもしれません。
- 手作業で分析する場合は、カードのデータを視覚化する方法を調べてください[6]。

---

6 まずは "Card Sort Analysis Best Practices" (https://uxpajournal.org/wp-content/uploads/sites/7/pdf/JUS_Righi_May_2013.pdf) と "Dancing with the Cards: Quick-and-Dirty Analysis of Card-Sorting Data" (https://oreil.ly/DBYc0)を参照してください。

・カードを分類する方法が複数考えられる場合があります。おめでとうございます。ニーズの異なるユーザーグループを特定できました。

6.3　フィールドイマージョン

　参加者の環境に入り込むことができれば、参加者の経験を正確に把握できます。フィールドイマージョンとは、社会科学の主要なリサーチ手法のひとつです。うまく使えば、プロダクト開発にも役立ちます。フィールドイマージョンの原則は、参加者と一緒になって体験を理解することです（図6.6参照）。

図6.6　ÇiçekSepetiのデザインチームは、早朝に倉庫から卸売花を受け取り、花屋に届けた

　どれだけ入り込むかは、リサーチクエスチョン、機会、環境によって異なります。たとえば、手術室、原子炉、航空交通管制室などの環境では、実際に作業を体験したいとは思わないでしょう。あなたの介入が邪魔になり、最悪の場合は生命を脅かすような環境では、実際に体験すべきではないでしょう。

　最も簡単なフィールドイマージョンは観察です。観察には影のように同行

する「シャドーイング」や、壁にとまっているハエのように振る舞う「フライ・オン・ザ・ウォール」などがあります。これらは参加者の承認を得るのが簡単です。ただし、欠点もあります。何もせずにただ見ているだけだと、参加者は不快に思うかもしれません。それに、有益なインサイトが得られない可能性もあります。

その対極にあるのが、参加者の環境に完全に入り込む「エスノグラフィック調査」です。エスノグラフィック調査では、参加者と同じタスクと役割を引き受け、経験のさまざまな側面を深く理解します。有益なインサイトが手に入る可能性はありますが、かなりの時間と労力がかかります。また、細かな意味合いを理解するには、社会科学のリサーチスキルが必要になります。長期的にアクセスできる環境を手配するのも難しいでしょう。アラスは修士の最終プロジェクトのために、2つのレストランでフルタイムで働いたことがあります。許可を得るのは簡単ではありませんでした。レストランで働いた経験がなかったら、受け入れてもらえなかったでしょう。エスノグラフィック調査から学べることは大きいですが、チームで毎週やるのは不可能です。

シャドーイングは簡単ですが、表面的になりがちです。エスノグラフィック調査は強力ですが、実施するのが大変です。そこで、顧客やユーザーから直接学べるバランスのとれたアプローチがあります。**コンテクスチュアルインタビュー**です。参加者の**コンテクスト**でインタビューする手法です。エスノグラフィック調査と比べると、手配は簡単で、期間は短く、学術的なトレーニングも不要です。遠くから参加者を眺めるのではなく、自然なコンテクストで作業を間近で観察します。参加者と一緒に作業することもあります。ギャップを埋めるために質問をすることもあります*7。

2020年、C.トッドのチームはCOVID-19のパンデミックのせいで、工場

7　Karen HoltzblattとHugh Beyerの『Contextual Design: Defining Customer-Centered Systems』(Elsevier) は、このトピックに関する優れた書籍です。

への立ち入りを制限されていました。そこで、ZoomやFaceTimeなどのツールを使い、コンテクスチュアルインタビューを実施することにしました。

　コンテクスチュアルインタビューは参加者に負担をかけません。何をしているかを詳細に説明してもらう必要がないからです。コンテクストを理解するには簡単な説明を受ければ十分です。参加者の作業に参加することで、さらに理解が深まります。参加者も監視されている意識が軽減されるでしょう。興味深い点があれば、参加者の作業が終わるのを待たずに、その場で質問できます。

　以下に「フィールドイマージョン」のヒントを示します。

- 訪問することを事前に通知しましょう。いつ到着するのか、どのくらい滞在するのかを伝えてください。都合のよい日時を先方に決めてもらいましょう。
- 事前に安全トレーニングや心理的サポートが必要になる場合があります。そうした要件を確認してから、訪問を計画しましょう。
- 訪問先の作法や期待を調べてください。たとえば、ショートパンツを穿いても大丈夫ですか？　あごヒゲや染めた髪は大丈夫ですか？　工場の朝礼に参加することや一緒に昼食を食べることを期待されていますか？まずはオンラインで調べてみましょう。そして、調べたことを一緒に働く人に確認しましょう。
- 仕事での役割を忘れましょう。ウソをつく必要はありませんが、自分の役割を詳細に語らないようにしましょう。周囲と年齢が離れている場合は特に気を付けてください。自分の会社では偉い立場だったとしても、それを明らかにすればラポールを築くチャンスを失います。同様に、自分の会社では役職がなかったとしても、それを明らかにすれば軽く扱われてしまう可能性があります。
- 適切な服装をしてください。官公庁を訪問するときにサンダルで行かないようにしましょう。周囲もあなたのことを仲間として扱うことを忘れないでください。同様に、デニムのオーバーオールと安全靴を履いている人たちがいるところに、ぴちっとしたスーツを着て行かないようにし

ましょう。

- 現場でフィールドガイドを見ていると、作業の流れを妨げる可能性があります。フィールドガイドを見なくてすむように、扱うべきテーマは覚えておきましょう。
- 途中でメモをとっていると、参加者との間に距離が生まれる可能性があります。できるだけ休憩中にメモをとるようにしましょう。
- 作業と会話のバランスをとりましょう。何も質問せずに作業を手伝うだけでは、細かな意味合いを理解することはできません。逆に質問ばかりしていては作業の流れを妨げてしまい、普段通りではなくなってしまいます。
- 参加者は作業から手を離せず、質問に答えられないことがあります。そのようなときは「見せていただけますか？」や「お手伝いしましょうか？」と聞きましょう。そうすれば、手を動かしながら質問に答えてくれます。
- 可能であればペアで取り組みましょう。同僚を一人だけ連れてきてください。人数が多いと参加者を萎縮させます。ペアで取り組めば、会話や分析が改善されます。ただし、ペアになるのが不自然であれば諦めましょう。
- コンテクスチュアルインタビューを記録するときには慎重になりましょう。作業環境においては特に注意が必要です。必ず参加者の意向に従ってください。録画や録音についても許可を得ましょう。疑問に思ったときは参加者と一緒に確認してください。参加者が気になった部分は削除しましょう。
- リモートでフィールドイマージョンを実施するのは本当に難しいです。代替手段としては、リモートインタビューやビデオで作業風景を説明してもらうことが考えられます。第5章では、ビデオインタビューのヒントを紹介しています。

6.4　日記調査

参加者を現場で観察することが現実的ではない、あるいは適切ではない場合は、日記調査によってさまざまなデータを収集できます。**日記調査**とは、

参加者の経験を日記のように記録してもらう手法です。サイクルを見るために使うので、日記調査は長期になります。フィールドワークをすることなく、長期的なデータを収集できる効果的な手法です。他のリサーチ手法よりも期間が長いので、個人的な視点を捉えることができます。参加者が自分で考えや行動を記録するため、想起バイアス（第2章参照）の影響を受ける可能性は低いです。

　日記調査は参加者に説明するところから始まります。リサーチ期間中に記録をつけるタスクを依頼します。リサーチャーは定期的に参加者に連絡して、チェックイン（問題がないことを確認する簡単なミーティング）を実施します。期間が終了したら、デブリーフを実施します。記録された内容を見ながら、そのときの経験についてインタビューします。日記調査とは、長期的な記録の調査と定期的なインタビューの組み合わせです。

　記録は日記形式である必要はありません。もっと言えば、文字でなくても構いません。睡眠時間や感情の評点などの数字、感想を表した絵文字、食事の写真などを使うこともあります。消費カロリー、移動マイル、電話の時間などの量的なデータもあれば、個人的な意見、日常業務に対する願望などの質的なデータもあります。こちらからやり方を指示するリサーチではありません。したがって、これまで議論したことのないトピックが見つかることもあります。自然なデータをそのまま取得できる可能性もあります。そして、比較的、安価で簡単に実行できます。同時に複数の参加者を対象にすることもできます。

　日記調査は通常、数週間から数か月間続きます。期間が長いので、行動がどのように習慣化されるのかを把握するのに適しています。習慣化されると日常生活の一部となり、それが習慣だと気づかなくなります。インタビューでは習慣を見つけることがなかなかできません。日記調査では習慣を記録として確認できるので、デブリーフや調査後のインタビューのときに話し合うことができます。

　場合によっては、参加者にデータを入力してもらうのが難しいこともあり

ます。情報の入力を促すために、簡単なテンプレートを用意するといいでしょう。また、定期的に参加者に連絡しましょう。

日記調査を成功させるには、情報の入力を促すことです。手間をかけずに継続して情報を入力してもらうことが重要です。ただし、ここにはトレードオフがあります。手間がかかったほうが継続できることもあるのです。たとえば、アプリにデータを入力してもらうほうが簡単です。その後の分析も楽になります。しかし、万年筆で紙に書いてもらい、シーリングワックスで封書してもらったほうが、手間はかかるかもしれませんが、参加者にとっては魅力的で、継続できる可能性があります。

調査中に参加者と連絡を取り合うことも重要です。定期的に報告してもらい、今後も継続できるかどうかを確認しましょう。参加者に完全に任せてしまうと、望ましい結果が得られません。定期的にチェックインして、参加者に継続してもらいましょう。これはあなたがデータに慣れるためでもあります。また、報酬目当ての参加者を特定するためでもあります。報酬目当てはすぐに除外しましょう。

参加者と定期的に連絡を取るようにすると、脱落する可能性のある人に継続を促すこともできます。また、参加者が大したことではないと思うようなことでも、そこからインサイトを発見できる可能性があります。こうした想定外の情報が学習の機会となります。通常のデータより興味深いことも多いくらいです。

以下に「日記調査」のヒントを示します。

- テンプレートの作成にかかる時間を考慮しましょう。参加者には自由にやってもらうべきですが、記録のしやすさと分析の手間も考慮に入れてください。
- スクリーニングのときに、作業量を参加者に伝えましょう。まずは自分で試してから、その作業量を2倍にすれば、簡単に見積もることができます。

- リサーチクエスチョン、求めるデータ、参加者の傾向を踏まえて、記録の仕組みを選択しましょう。たとえば、紙とペンのような単純なもの、アプリのような複雑なもの、アナログとデジタルを組み合わせたものを使うことができます。
- デジタルプラットフォームを使う場合は、テキストフィールドと選択式のフィールド（チェックボックスやドロップダウン）を組み合わせて使いましょう。選択式のほうが入力と確認は簡単ですが、柔軟性に欠けます。入力フィールドには明確な名前を付け、必須かどうかもわかりやすくしておきましょう。見慣れないインターフェイスの場合、参加者が混乱する可能性があります。
- 収集するデータのプライバシーと保護に配慮しましょう。参加者にはデータの提出時に内容を確認してもらい、共有したくないものは削除してもらいましょう。また、提出後であっても削除を依頼できることを伝えましょう。このようにしておけば、ほとんどのデータ保護要件を満たせるはずです。自分のデータをコントロールできるようになれば参加者も安心します。
- 日記調査は、ユーザビリティ調査のようにその場で問題を修正できないので、事前に試してみることが重要です。自分自身または参加者の基準に合致する親しい人を対象にして、必要なデータが得られるかどうかを確認しましょう。
- 参加者が休める「休息日」を計画に入れておきましょう。数週間以上の長期的な調査では重要になります。
- 参加者の作成物やデータは、調査のインプットの一部であることを認識しましょう。チェックインの会話もインプットとして使えます。
- 定期的なチェックインのパワーを過小評価しないでください。これはデブリーフではありません。宿題の確認でもありません。進捗を確認するために、最新の日記について質問するのもいいでしょう。ただし、最新の日記を読まれていると知って不気味に感じたり、監視されていると思ったりする参加者もいます。
- チェックインの頻度は、リサーチクエスチョン、連絡の手軽さ、参加者の快適さ、記録に与える影響によって決まります。頻度と連絡手段（電話、メール、SMSなど）を決めるときは、これらを考慮に入れてください。

また、短いメッセージと業務的なメールでは、与える印象が違います。個人的なやり取りのほうが効果的です。

- 参加者の全員と話をしてみましょう。気になる人だけでいいと思うかもしれませんが、思いがけないところからインサイトが手に入ることもあります。

- チェックインのときは日記を確認しましょう。定期的なデータの確認も日記調査の分析です。インタビューが終わったときにメモを確認するのと同じです。

- 参加者の負担を考慮しながら、報酬を渡すタイミングをいろいろ試してみましょう。調査がすべて終わったときに渡すこともできますし、マイルストーンを達成するたびに分割で渡すこともできます。

6.5　ユーザビリティ調査：テストではありません

車を運転するには運転免許試験に合格する必要があります。免許取得後に運転できる車に大きな違いはありません。加速するためのペダル、減速するためのペダル、方向を決めるための輪、方向を変えるためのスイッチが、ほとんど同じ場所に配置されています。だからこそ、標準化された運転免許試験が存在するのです。運転免許試験には学科試験が含まれています。車の運転方法は学習して覚えることができるからです。知っているか知らないかのいずれかです。もうひとつが実技試験です。運転技術は外部から観察できるので、専門家が判断します。専門家が運転技術を認め、問題に正しく答えることができれば、あなたは運転免許試験に合格します。

ユーザビリティ調査は試験やテストではありません。なので、**ユーザビリティテスト**と呼ぶべきではありません。車とは違い、ウェブサイト、サービス、アプリは統一されていません。用途によって条件が変化するのです。デジタルプロダクト（特にモバイルプロダクト）の使い方は、周囲の状況によって大きく変化します。外部から観察できるのは、タップ、スワイプ、クリックだけです。しかし、私たちの頭のなかには、プロダクトが使いやすいかどうかを判断する観測不能なプロセスが無数に存在します。専門家はこれらの

プロセスを見ることができません。アンケート調査でも明らかにすることはできません。絶対的な正しい答えはありませんし、最低合格点もありません。

ユーザビリティ調査とは、参加者が目的を達成するために、プロダクトやプロトタイプを使用するセッションです。実際に使ってもらいながら、チームはプロダクトの効果と効率、参加者の満足度を評価します。ユーザビリティ調査では、細かな使い方を見たり、プロダクトに期待していることを聞いたり、プロダクトを使う動機の変化を観察したりします。ユーザビリティ調査からわかるのは、ユーザーから見たプロダクト開発プロセスの現状です。しかし、残念ながら、こうした基本的なことが誤解されがちです。

ユーザビリティ調査を最終的な意思決定ツールとして使っているチームがあります。機能について意見の相違があると「それじゃあ、ユーザーに勝敗を決めてもらおうじゃあないか！」と叫ぶのです。しかし、これには2つの点で問題があります。第一に、インサイトを生み出すマインドセットに反しています。どちらのソリューションもユーザーのニーズを満たす可能性は十分にあります。ユーザーにとってあまり重要ではない違いにフォーカスして意思決定するのは時間のムダです。また、プロダクトの意思決定を「勝敗」のように扱うのは、チームとして健全ではありません。ユーザビリティ調査をそのために使うべきではありません。第二に、ユーザビリティ調査の結果が単純な「合格／不合格」や「はい／いいえ」になると想定しているところが正しくありません。他の手法と同様に、ユーザビリティ調査からはさまざまなインサイト（行動につながるもの、さらに調査が必要なもの、繰り返し発生するものなど）が手に入ります。成功しているプロダクトチームは、必要な議論を省略しないように、こうしたインサイトを意思決定のインプットとして使用しています。

ユーザビリティ調査をQAチームに任せているチームもあります。プロダクトチーム以外がユーザビリティ調査を担当するのは合理的です。しかし、これには3つの点で問題があります。第一に、QAはプロダクトサイクルの最後のほうにあります。この段階で問題を修正しようとしても遅すぎます。第二に、QAチームは機能しないところを見つけようとします。エラーを発

見するためにシステムをさまざまな角度（特殊なエッジケースなど）から追い込みます。言い換えれば、QAチームは問題を発見しようとするのです。問題発見のマインドセットはインサイトにつながりません（マインドセットについては第1章を参照してください）。第三に、QAチームが担当すると、品質が保証されたと思われます。ユーザビリティ調査で大きな問題がなかったら、そのシステムは「QAを通過したもの」とされます。ユーザビリティ調査は、たとえ包括的なものであっても、品質保証の代わりにはなりません。厳密なテストをしているわけではないのです。

ユーザビリティ調査は「刺激を伴うインタビュー」です。インタビューのスキルを利用すれば、ユーザーのニーズをさらに理解できるでしょう。ユーザビリティ調査とインタビューの最大の違いは、事前に準備するシステムの量と参加者に提示するシナリオの有無です。

通常のユーザビリティ調査では、最初にいくつかの質問をします。次に、3〜5つのシナリオを実行してもらいます。最後に、まとめの質問をして終了します。各シナリオでは、システムの使用前と使用後にいくつかの質問をします（それぞれ**シナリオ前の質問**と**シナリオ後の質問**と呼びます）。各シナリオの最後には、ユーザビリティの印象について質問するのが一般的です。さまざまな観点から複数の質問をしても構いません。たとえば、システムユーザビリティスケール（SUS）やシングルイーズクエスチョン（SEQ）などの標準化された尺度もあります*8。

ユーザビリティ調査を成功させるには、優れたシナリオを考える必要があります。参加者に実行してもらう手順ではなく、参加者が期待する結果にフォーカスしたシナリオです。リサーチクエスチョンを考えたときの行動・思考・前提から、実際の使用方法を示した自然なシナリオを作成します。

8　ユーザビリティに関する標準化されたアンケート調査の優れたサーベイを参照してください。A. Assila et al., "Standardized Usability Questionnaires: Features and Quality Focus," electronic Journal of Computer Science and Information Technology 6, no. 1 (2016).

分割払いを開始したECサイトの例で考えてみましょう。参加者に指示を出して、カートに商品を追加してもらってから、分割払いの表がある支払いページに移動してもらいました。残念ながら、これはユーザビリティ調査ではありません。参加者が手順に従えるかどうかをテストしているだけです。全員の時間のムダにしています[9]。

どうすればよかったのでしょうか。たとえば、高額な商品を購入したときの様子を再現してもらうことができるでしょう。そうすれば、こちらから指示を出すことなく、自然な流れを作れます。支払いページに到達すると、参加者は興味深い反応を示すでしょう。参加者は分割払いの表に気づきましたか？　選択肢とトレードオフを理解できていますか？　使っているときの思考を発話してもらいましょう。分割払いの表を見逃していたときは、それを指して何だと思うかと質問してみましょう。

すべての参加者が同じシナリオを実行しなくても問題ありません。目的を同じにすることは重要ですが、参加者の体験を踏まえながらシナリオを調整しましょう。インサイトにつながるインプットが入手できるならば問題ありません。セッション終了後、ユーザビリティの問題をすぐに修正する「RITE」という手法もあります[10]。あとで修正できる問題に時間を使うよりも、自分の体験を語ってもらいましょう。

以下に「ユーザビリティ調査」のヒントを示します。

- 参加者と共有するシステムやプロトタイプを作るときは、すべてをリセットできるようにしておきましょう。システムの状況を示すインジケーターがあると便利です。
- シナリオを作るときは、プロダクトの使用時だけでなく、使用前と使用

---

9 ユーザビリティ調査でタスクではなくシナリオを使う理由でもあります。
10 Michael C. Medlock et al., "The Rapid Iterative Test and Evaluation Method: Better Products in Less Time," in eds. R. Bias and D. J. Mayhew, Cost-Justifying Usability: An Update for the Internet Age (San Francisco: Morgan Kaufmann, 2005).

後に起きることもシナリオに入れてください。たとえば、オンライン送金のフローを調査するときは、いきなり送金画面から始めないでください。最初のログイン画面や最後の送金完了画面も含めるようにしてください。

- 参加者に代替案を示して、どちらが好きかと聞くときは、シナリオを提示する順序が重要です（第2章で説明した「アンカリング効果」を覚えていますか？）。参加者ごとに提示する順番を変えるのも有効です。

- インタビューと同様に、まずは自分で試してみましょう。それから、同僚を相手に試してみましょう。それが終わったら、潜在的なユーザーを相手にしてみましょう。実際のセッションの流れが理解できます。

- セッションの前にシステムを設定する時間を作りましょう。設定が終わったら、意図通りに機能するかを確認しましょう。人数をこなしていくと設定時間は短くなっていきますが、最初の数セッションは十分な時間を確保してください。

- リモートの調査では、参加者の画面を見るための予備の方法を考えておきましょう。ツールが使えない可能性は捨てきれません。これまでにZoom、Webex、Skype、Google Hangoutsが落ちた回数を覚えているでしょうか？ 急にプロトタイプが起動しなくなったことはありませんか？ このようなことは誰にでも起こります。最悪の場合、スマートフォンで画面を録画して、あとで送信してもらうように参加者にお願いしましょう。

- 参加者の心のなかで起きていることを知るために、声に出してもらうといいでしょう。このやり方は他の場面でも使えます。ただし、声に出してもらうと、参加者はそのときの行動を意識してしまいます。細かな意思決定プロセスを観察する必要があるときは、自由に行動してもらいましょう。

- 適切なタイミングで状況に合わせた質問をしましょう。参加者の行動が気になったら、シナリオ終了後に質問してください。セッションが終わるまで待つ必要はありません。あなたが興味のあることは、参加者にとってはわかりにくいものです。実際に使用している状況で質問すれば、参加者に正確に伝わるでしょう。どれだけ深く質問するかは、時間と流れを意識して決めてください。

- 実体のないものを参加者に想像させないようにしましょう。たとえば、遅延金を支払ってもらいたい場合は、遅延金を想像させてはいけません。参加者に宛てた遅延請求書を作成して、実体として提示するようにしましょう。
- 「このタスクはどれだけ難しかったですか？（1〜5で答えてください）」のような評価に関する質問は主観的です。こうした数値の合計や平均は、統計的事実ではありません。「現状よりも50％簡単になった」と表現することは可能ですが、その数値にあまり意味はありません。数値よりもセッション全体に目を配りましょう。

　インタビューは参加者の懸念や動機を理解する優れた方法です。しかし、ユーザーやステークホルダーとやり取りをする方法は会話だけではありません。一緒にタスクをこなしたり、一緒にモノを作ったり、一緒にゲームしたりすることで、参加者のことを深く理解できるようになりますし、インサイトを効率的に入手できるようになります。

6.6　現実世界で見るルール： インタビューを超えて世界を揺るがす

　プロダクトに触れた人から学ぶことを重視しているDJ機器メーカーの話をしましょう。このメーカーは、DJ、音楽プロデューサー、地域の卸売業、小売店にインタビューして、ニーズを把握し、ニーズが満たされているかを確認しています。それをプランナーやデザイナーだけでなくエンジニアも担当しています。しかし、DJは臨場感のある体験です。インタビューで説明することはできません。求めるサウンドやフローを実現するために、DJは即興で音楽的な意思決定をしています。ノブ、スライダー、スイッチ、ボタンをすばやく動かすことで、その意思決定を再生中のトラックに反映します。ほとんどのDJは同時に4曲を操作します。なかには6曲から10曲を操作するDJもいます。すべてのことが数秒以内に起こります。これが数百回繰り返されます。DJ機器メーカーのデザイナーは、この体験を理解して、プロダクトをデザインすることにしました。

そのためにDJと多くの時間を過ごしました。スタジオを訪れて一緒に練習させてもらいました。クラブでDJブースの隣に立ち、DJ機器の使い方を観察しました。観客のなかに紛れ込み、エフェクトやトランジションにどのように反応しているかを感じ取りました。こうしたフィールドイマージョンを、さまざまな規模のクラブで、さまざまなジャンルの音楽で、さまざまな技術レベルのDJを相手に実施しました（世界中のパーティーに行ったデザイナーは本当に大変ですね）。さらにインプットが必要な場合は、ビデオやライブストリーミングを見て、DJがどのように機器を使用しているかを確認しました。

DJを対象にしたユーザビリティ調査も実施しています。新しいアイデアが浮かんだら、プロトタイプを作り、DJに意見をもらいます。DJが自然にパフォーマンスできるように、バグのないプロトタイプを目指しています。そして、あとからDJの動きを確認できるように、調査の様子は録画しておきます。私たちが話を聞いたデザイナーは、ユーザビリティ調査で何度も驚かされたと言っていました。DJにプロトタイプを渡すと、言っていなかったことをするというのです。DJのプレイを間近に見ることで、ユーザーが「欲しいと言っていること」とプロダクトを手にしたときに「実際にやること」のギャップを確認できます。

このデザインチームは、ビデオレビュー、フィールドイマージョン、ユーザビリティ調査を組み合わせて、インタビューを超えています。さまざまな手法を使うことで、社内の全員が顧客のことを考えられるような、豊かなインサイトを手に入れています。

6.7　重要なポイント

◎インタビューでも参加者の行動を教えてもらうことはできますが、インタラクティブな手法を使えば、参加者に自分自身を表現してもらうことができます。また、あなたもさらに深いインサイトを明らかにできます。

◎インタビューで長い期間を扱いたいときは、ユーザーに事前に資料を集めてもらうか、日記調査を実施しましょう。

◎カードソーティング、機能の購入、思考の描画などの遊び心のある手法を使うと、参加者に自分自身を表現してもらうことができます。

◎参加者の行動を詳しく調べたいときは、フィールドイマージョンかユーザビリティ調査を実施します。

◎インタビューがすべての手法の基本であることを忘れないでください。

離れたところで作られたインサイトや
推奨事項の背景を理解できますか？

第**7**章 | Rule 7.
チームで分析すれば 共に成長できる

　C.トッドが世界的な配送企業であるFedExのエンゲージメントを担当していたことがあります。Fresh Tilled Soilのチーフデザインストラテジストだったときの話です。FedExの新しいプロダクト開発には（ご想像のとおり）多くのステークホルダーがいました。まずは、テネシー州メンフィスの本社でデザインスプリントを開催しました。そして、デザインスプリントの一部（初日のキックオフ、思い込みのブレスト、結果を確認して次に何をすべきかを決定する最終日）には主要な幹部を招待しました。プロジェクトの成功が確実になったのは最終日でした。幹部が**チームと一緒に**プロトタイプの結果を分析したからです。幹部は、ユーザーの声を聞き、ユーザーがプロトタイプに苦戦している様子を目にしたので、生の情報に触れることができました。幹部と一緒に結果を分析したことで、プロジェクトの継続が承認されました。チームから幹部にレポートを提出していたら、それほど大きなインパクトはなかったでしょう。

　プロダクトリサーチとは、ユーザーの経験・ニーズ・行動の理解に基づいた、プロダクトの作成と改良のプロセスです。最も基本的な部分は**理解**になるでしょう。これまでの章で説明した、質的および量的なリサーチ手法から得られたデータを分析することで、このような理解を生み出すことができます。

　第3章では、**インサイト**とは「ある状況を別の視点から見たときの価値の

ある情報」であると定義しました。たとえば、認識されていなかった真実、人間の行動を観察した結果、追加的なコンテクストなどがインサイトです。データをインサイトに変えることが**分析**です。あなたのやり方は本書と同じにはならないかもしれません。遠回りをすることもあるでしょうが、まったく問題ありません。

分析には、相互に関連する重複した活動が含まれています。データを分析するには、データを調べ、データを比較して、新しい仮説を立て、検証する必要があります。それから、新しい視点を受け入れたり、一歩下がってからまったく別の方向に目を向けたり、無効になった仮説を放棄したり、開始時の方向性がズレていたという現実に目を向けたりする必要があります。

なんだかカオスのように聞こえるかもしれませんが、分析は理解を生み出すための構造化された取り組みです。分析手法にはデータの意味を理解しやすくする活動が含まれます。新たな視点でデータを見ることにより、通常では見えない情報が明らかになります。構造とつながりを示すことができれば、これまでとは違う視点を検討したり、これからの道筋を想像したりできます。分析の深さを調整したい場合は、複数の分析手法を組み合わせたり、必要なデータを追加したりします。

リサーチプロセスと同様に、分析にもインサイトを生み出すマインドセットが必要です。オープンマインドを持てば、先入観を持つことなく、間違える準備ができます。予期していなかった結果や仮説の反証は、リサーチの価値を裏付けるものです。本章では、みなさんが利用できる分析手法を見ていきます。優れたプロダクトにつながる結論に至るまでの方法を学んでいきましょう。

7.1　プロダクトリサーチにおけるデータ分析

アカデミックリサーチの分析は厳密なプロセスであり、すべてが終わるまでに数か月間かかることもあります。学問を前進させる永続的で健全な科学

的知識を生み出すには、そうしたプロセスが必要なのです。一方、プロダクトリサーチでは、永続的な科学的知識を追求しません。プロダクト開発において価値があるのは、クロスファンクショナルなチームで使用できる、簡潔で、タイムリーで、行動につながるインサイトです。そのためには「人間的解釈の価値」を認識した分析手法を使う必要があります。

　リサーチプロジェクトが失敗するのは、プロジェクトに問題があるというよりも、その後の対応に問題があるからです。少し前までは、博士レベルのリサーチャーのチームがプロダクトリサーチの結果を分析していました。彼らはその分野に精通していて、細かな意味合いも理解していて、長年の経験も持っていました。ユーザーを相手に何度か調査を実施して、イスに座って（数か月間も経ってから）、小さなインサイトの結晶を見つけてくるのです。

　こうしたアプローチは、知識や技術の進歩を目指すアカデミックリサーチに適しています。第3章のDaniel Elizaldeの話を思い出してください。社内の**リサーチ**とは「技術研究」のことでした。私たちが使用しているプロダクトの多くは、巨大で複雑なエコシステムの一部です。少人数の閉鎖的なグループによる分析では、**技術の観点**からは有益でも、**プロダクトの観点**から行動につながるような有益な結果は生まれません。世界は急速に変化しています。プロダクトリサーチにはできるだけ多くのメンバーが関わるべきです。プロダクトリサーチプロジェクトは共同作業です。部門を超えて関わってくれる人が最初からいたほうが、インサイトを行動に移すときの同意も得られやすいです。

　リサーチチームが独立していたり、リサーチを外注していたりする企業は、データの分析方法が独特です。リサーチャーたちはどこか離れた秘密の場所で、隠し事をするかのように分析しています。数週間、ときには数か月間、何の連絡もありません。ある日、夜明けに東の方角から「ログインのユーザーフローを変更すべきだ」という声が聞こえます。彼らが戻ってきたのです。そして、再び姿を消すのです。

　これを**象牙の塔の分析**と呼びます。高いところからコンテクストを無視し

たことを言ってくる分析のことです。離れたところで作られたインサイトや推奨事項の背景を理解することは不可能です。分析者に「あなたはバイアスをかけやすいですか？」「結果の歪みを回避しましたか？」と聞くことはできません。隠し事のように分析していると、タイムリーに結果に貢献することもできません。社内で同意を得ることも難しいでしょう。方法論的な誤りがあっても、結果が報告されるまでは発見できず、発見したときはすでに手遅れです。

　一方、チームで協力して分析すると、ユーザーのニーズを共有できるようになり、迅速かつ効率的に分析を繰り返せるようになり、発見に基づいてチームメンバーが積極的に行動できるようになります。本章で説明するのは、協力的な分析手法です。こうした分析手法をプロダクト開発に組み込む方法については、第9章で説明します。

　品質を犠牲にすることなく、迅速かつ協力的にデータを理解に変える方法は、3つのグループに分けられます。「操作による分析」では、データを操作して新しいことを学びます。データの分類、他のデータとの比較、データのスライスや組み合わせにより、リサーチクエスチョンを理解します。「作成による分析」では、データから何かを作成して、新しいことを学びます。使用モデルの作成、データの可視化、経験に基づいた推測、推測の図示などがあります。「集計による分析」では、データ（主に数値データ）の構造、データのパターン、データによる現象の記述について調べます。最後のグループの手法では、量的な分析手法を使用します。

7.1.1　操作による分析

　最初のグループでは、操作することでデータを理解します。データにタグを付け、戦略や戦術を検討し、観測結果やアイデアを複数の観点から検討します。

タグ付け（コーディング）

　タグ付けとは、リサーチの観測結果にラベルを付けるプロセスです。社会科学の分野では**コーディング**と呼ばれますが、ソフトウェア開発のことも**コーディング**と呼ぶため、私たちは**タグ付け**を使っています。図7.1はインタビューの文字起こしにタグ付けした例です。図7.2は手書きのメモにタグ付けしたものです。

Shirin Shahin ⌚ 4:15

Correct. And the pricing that existed was for more technical, larger enterprise companies. And now we knew this product was more usable for a different market enterprise, but the marketer different buyer got an end user. So they were like, this pricing is not gonna fly. And basically, it was almost a three to four month project. Again, pretty cross-functional, but the core members of running that I drove it forward, I'm an analytics person, the data came from him I can't do any credit for any of the analytics. So we looked at how this products been performing with existing customers even even if it was a different buyer just like

C. Todd Lombardo 4:55

when you say product performing, what do you what does that mean? What what specifically you're looking

Shirin Shahin ⌚ 4:58

Revenue for the company.

C. Todd Lombardo ⌚ 5:02

we're looking at other metrics as well beyond just revenue.

Shirin Shahin ⌚ 5:06

So we looked at some, okay, so we looked at revenue because it was already on the market with a different buyer, just to get a sense of what was happening with that pricing. what we ended up doing though, from there is testing with products with our new buyer, because we had to determine which feature we're going to highlight help determine how we're going to price it. Okay. Because it was kind of like clean slate as to how we price it for a new market. Yep. So that involves how we

図7.1　インタビューの文字起こしにタグ付けした例（Otter.aiで作成）

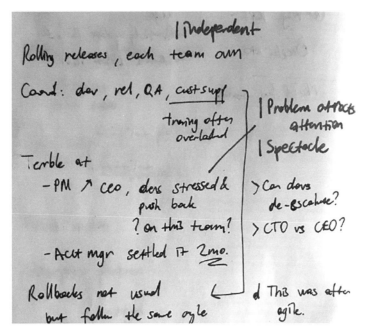

図7.2　手書きのメモの余白にタグ付けしたもの

　タグ付けは、**タグ付けの単位**を認識するところから始まります。タグ付け
の単位とは、タグが表す最小の範囲のことです。インタビューの文字起こし
にタグ付けしているとしましょう。文単位でタグを付けるのであれば、タグ
付けの単位は「文」になります。必要とする詳細レベルによって、タグ付け
の単位を「段落」や「ページ」にすることもできます。

　ビデオを分析するときは、5分ごとにタグを付けるといいでしょう。リサー
チクエスチョンに当てはまらない部分には、タグを付ける必要はありません。
複数のタグが当てはまるときは、複数のタグを付けても構いません。5分ご
とにタグを付けるのは、コンテンツに確実に目を通すためであり、タグの数
を制限するためではありません。

　タグ付けには2種類あります。クローズドなタグ付けとオープンなタグ付
けです。事前にタグを決めておくのが**クローズドなタグ付け**です。データか
らタグを思いつくのが**オープンなタグ付け**です。

オープンなタグ付けは、生成的または記述的な調査に適しています。手法としては、エスノグラフィック調査があります。決められた名称がなければ、それぞれの現象に自由にタグを付けることができます。そこから豊かな記述や斬新なインサイトが生まれる可能性もあります。欠点は、自由度がありすぎてフォーカスが失われ、タグが増えすぎてしまうことです。検討すべきトピックが増えるので、分析が困難になります。分析をする前に、タグと関連するデータを再度確認する必要があるでしょう。

オープンなタグ付けは、経験のあるリサーチャーでも難しいものです。Robert M. Emersonは、メモのとり方、メモの確認方法、タグ付けに関する質問のリストを提供しています[1]。これらの質問を活用すれば、タグ付けのコツがわかるでしょう。

- 人々は何をしていますか？
- 人々は何を達成しようとしていますか？
- 人々はそのためにどのような手段や戦略を使っていますか？
- 人々はそのことをどのように話していますか？　どのように認識していますか？　どのように理解していますか？
- 人々はどのような思い込みをしていますか？
- 私には何が見えますか？
- 私はメモから何を学びましたか？
- 私はなぜその項目を追加したのでしょうか？

一方、クローズドなタグ付けは、評価的な調査に適しています。手法としては、競合他社のベンチマークがあります。クローズドなタグ付けでは、特定の領域にフォーカスを絞るため、タグ付けが比較的簡単です。また、同じデータを複数の人がタグ付けをするときに統一感が生まれます。欠点は、事前にタグが設定されていると、特定のことに目を向けてしまうため、インサイトを生み出すマインドセットから離れてしまうことです。また、わずかに

1　Robert M. Emerson, Writing Ethnographic Fieldnotes (University of Chicago Press, 1995).

7　｜　チームで分析すれば共に成長できる

バイアスをもたらす可能性もあります。このことについては、本章の後半で説明します。

オープンなタグ付けで柔軟性を確保するべきか、クローズドなタグ付けで簡単にすべきかは、リサーチクエスチョンによって判断する必要があります。

文字起こしをすべきか?

会話を聞きながら逐語的に書き出すことを**文字起こし**と呼びます。社会科学のリサーチの基本的なステップであり、分析の最初のステップになります。リサーチャーが文字起こしをするのは、データを収集した瞬間に戻り、データに慣れ親しむためです。このことは、分析において大きな価値をもたらします。

C.トッドは、AIを活用した自動文字起こしサービスを使っています。ただし、100％正確ではないため、自分で修正する必要があります。作業を外注することなく時間を節約できますし、仕事として自分で聞き直すこともできます。

複数人でうまくメモをとれば、タグ付けができるだけの十分なデータになるため、新規に文字起こしをする必要がなくなります。詳細を知りたければ、いつでも録音データを確認できます。

親和図法

親和図法とは、項目同士の関係性からグループを作るシンプルな方法です。データを視覚的に分析する方法であり、共通点、パターン、相違点を見つけるのに役立ちます。作成する親和図をわざわざ複雑にする必要はありません。インタビューのデータをグループ化すれば、それだけで親和図になります。そのためにリサーチャーは、最も洗練されたツールを使います。付箋紙です。

親和図法を始めるには、整理可能な形式のデータ項目が必要です。たとえば、付箋紙にタグを書き込んだり、インタビューの発言を印刷したものを切り分けたりします。デジタルツールを使用する場合は、そのツール用のデータを準備する必要があります。紙や付箋紙を使用する場合は、十分な広さのスペース（大きな壁や会議用のテーブル）があることを確認してください。

　データの準備ができたら、似ている項目をグループ化します。グループ化するには項目を並べて配置します。**重ねてはいけません。**付箋紙を使っていて十分なスペースがないときは、どうしても重ねようとしてしまいます。チームで分析するときには、すべての項目が見えることが重要です。図7.3の例を参照してください。

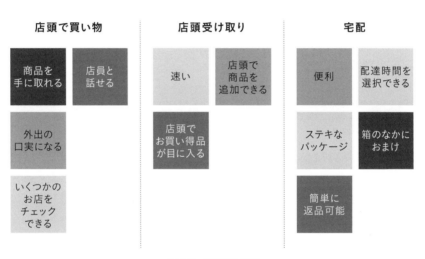

図7.3　親和図法の例

　複数のグループに属する項目については、コピーを作成して、該当するすべてのグループに配置してください。同様に、一部があるグループに属していて、残りの部分が別のグループに属していたときは、コピーを作成して両方のグループに入れるか、2つの項目に分割しましょう。

　項目をグループ化したら、グループに名前を付けます。複数の名前が思い浮かんだときは、すべてを書いておいてください。紙を使用している場合は、

区別できるように項目とは違う色を使いましょう。たとえば、項目には正方形の黄色の付箋紙を使用し、グループ名には長方形の青色の付箋紙を使用します。

グループに属さない項目があっても問題ありません。分析とは関係がないかもしれませんが、強力な物語を持った外れ値の可能性もあります。すぐに破棄しないでください。分析が終わるまでは保持しておきましょう。

親和図法は、個人でも複数人でも実施可能です。親和図法を構造化したバージョンとして、グループワークに最適化されたKJ法（発明者である川喜田二郎の頭文字から命名された）という手法もあります*2。**KJ法**では、ブレインストーミングやブレインライティングに続き、議論と投票によって、幅広い合意に至ります〔訳注：このパラグラフのKJ法の説明は適切ではないように思えます。KJ法を正確に理解するには、川喜田二郎先生の『発想法』（川喜田二郎著、中央公論新社、1967年）などを参照してください〕。

ラダリング

ラダリングとは、項目をさらに大きなコンテクストに配置する手法です。はしご（Ladder）を登り降りするかのように問題のコンテクストを探索するため、**ラダリング**（Laddering）と呼ばれます。**テレスコーピング**（望遠鏡）とも呼ばれます。この手法を使用すると、状況を掘り下げながら、可能性のあるソリューションを確認できます。この手法は、原因を深堀りする「5つのなぜ」*3と、創造的な問題解決プロセス「How Might We」*4に影響を受けています。

ラダリングは、データから観測結果（まだソリューションやアイデア**では**

---

2 Jared M. Spool, "The KJ-Technique: A Group Process for Establishing Priorities," UIE (May 11, 2004), https://articles.uie.com/kj_technique.

3 "Five Whys," Wikipedia, https://en.wikipedia.org/wiki/5_Whys.

4 "Simplexity Explained," Basadur Applied Creativity, https://www.basadur.com/simplexity-explained.

ありません）を選択するところから始まります。観測結果を選択したら、付箋紙に書いて、大きなスペースに貼ります。ここがアンカーポイントになります。ここから「Why?」を使って上方向へ、「How?」を使って下方向へ移動します。「Why?」は観測結果の背後にある理由や動機を探るのに役立ちます。「How?」は可能性のあるソリューションを考えるのに役立ちます。

　次ページの図7.4の例を使って説明しましょう。あなたは訪問者がログインせずにウェブサイトを閲覧していることに気づきました。この観測結果を中央に配置します。

　ある段階で「Why?」の質問をやめることが重要です。答えがリサーチやデザインプロジェクトの範囲を超えてしまうからです。「Why?」を3〜5回繰り返すと、非常に幅広いコンテクストにたどり着きます。それ以上広げると、臆測になります。さらには、宇宙の誕生までさかのぼることになるでしょう。「Why?」の部分ができたら、次は「How?」ではしごを降りていきます。

　「How?」も3〜5回に制限するといいでしょう。質問の回数が多くなると、ソリューションを深堀りしすぎてしまいます。プロダクトの詳細を臆測で考えるようになり、検討すべきコンテクストから遠ざかってしまいます。

　「Why?」や「How?」の質問が複数あるときはどうすればいいでしょうか。質問内容が大きく違うときは、アンカーの観測結果をコピーして、新しいはしごを始めるといいでしょう。そうしたほうが、その後の分析が楽になります。

　この時点でアンカーの周辺に6〜10個（上下に3〜5個ずつ）の項目が並びます。アンカーの上にある項目は、戦略的なインサイトにつながります。上にあるほうがより戦略的になり、変更も難しくなります。アンカーの下にある項目は、戦術的なインサイトにつながります。つまり、アンカーの項目に影響を与える行動です。下にあるほうがよりシンプルになり、実行が簡単になります。

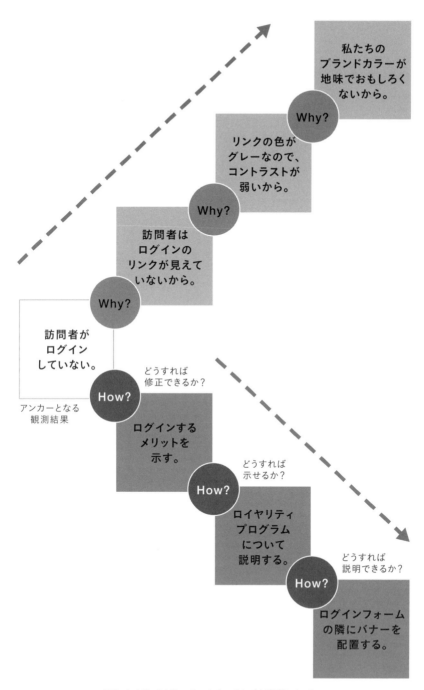

図7.4　Why?とHow?の方向へはしごを移動している

新しいアンカーを追加することで、戦略的および戦術的な行動が見えてきます。「Why?」に対するさまざまな答えを発見するには、チームで実施するといいでしょう。戦略に関するチームの共通理解も生まれます。同様に、チームで「How?」の答えを探索していけば、戦術的な手順に合意できます。

　「Why?」の答えに「How?」の答えが必要なときはどうすればいいでしょうか。「Why?」で登ったあとに「How?」で降りることができるでしょうか。私たちは「降りない」ほうがいいと思います。必要であれば、Basadurによる Simplexity Thinking Process の「チャレンジマッピング」を見てください（https://oreil.ly/-wKJU）。チャレンジマッピングは、ラダリングの応用バージョンであり、「Why?」と「How?」の両方に拡張できるようになっています。

リフレーミングマトリックス

　リフレーミングマトリックスとは、目の前のトピックに対して別の見方をするための構造化された手法です。ソリューションの評価、問題の洗練、代替案の作成などに使用できます。一人でもできますが、マトリックスに示された視点の代表者が集まってグループで実施したほうが役に立ちます。

　リフレーミングマトリックスを作成するには、検討する視点をファシリテーターが決定します。視点の中央には、評価対象となる観測結果やソリューションが書かれた付箋紙を配置します。チームは複数の視点からその項目を検討します。たとえば、改善のための質問、コメント、提案などを引き出します。

　ラダリングのときと同じ「訪問者がログインしていない」問題を使って説明しましょう。チームは「ユーザーニーズ」「販売」「運用」「開発」の4つの視点からリフレーミングすることに合意しました。チームは協力して各ボックスを埋めました。最終的なマトリックスが図7.5です。

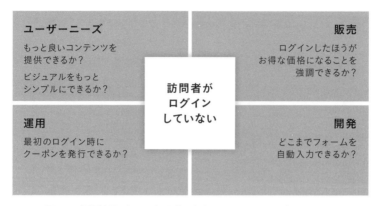

図7.5　観測結果からアイデアを生み出すためのリフレーミングマトリックス

図7.5では、観測結果からアイデアを生み出しました。

　この手法を使って、提案されたソリューションを複数の視点から評価することもできます。たとえば、「訪問者がログインしていない」問題に対するソリューションとして、「ソーシャルメディアのアカウントでログインする」というアイデアを評価するとしましょう。これまでと同じ視点の中央にこのアイデアを配置して、質問、懸念点、コメントを出していきます。最終的なマトリックスが図7.6です。

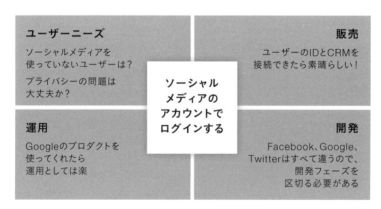

図7.6　ソリューションを評価するためのリフレーミングマトリックス

図7.6では、ソリューションを評価しました。否定的な評価ばかりではな

いことに注目してください。質問やリスクもありますし、提案や改善案もあります。評価的な活動は、否定的な問題発見のマインドセットに移行する傾向があります。リサーチでは、常にインサイトを生み出すマインドセットを持つことが重要です。

視点が4つより多い場合はどうすればいいでしょうか。必要に応じて、視点のボックスを追加してください。十分に評価するには、最低でも3つの視点が必要になります。8つを超えると、今度は集中するのが難しくなります。

7.1.2　作成による分析

2番目のグループでは、データから何かを作ることで、データを理解します。たとえば、ユーザーの思考を表したビジュアルモデルを描いたり、ユーザーの体験をグラフにしたり、可能性のあるソリューションを作ってみて、実際に機能するかどうかを確認したりします。

ペルソナ

ユーザーモデルとは、ユーザーがプロダクトを使用するときの状態や思考を簡略化して表現したものです[5]。「簡略化」という言葉を使ったのは、すべてのユーザーのすべての思考の変化を把握することは不可能であり、プロダクトリサーチの問いに答えるためには必要ないからです。

ペルソナとは、参加者が所属するグループの特徴や行動を要約したものです。誤解されているかもしれませんが、ペルソナはプロダクトチームが共感できるように、一人のユーザーを一般化したものではありません。ターゲットユーザー全体を表現するために作られた架空のキャラクターでもありませ

5　HCI（Human-Computer Interaction）の分野にも同名のテーマがあります。HCIにおけるユーザーモデルとは、使用状況を予測・分析するために作成されたユーザーのフォーマルモデルのことです。ソフトウェアをユーザーに合わせるために、モデルの一部はソフトウェアにも使用されます。私たちが紹介した手法は、デジタルシステムの設計に使用するものであり、ソフトウェアに使用するものではありません。

ん。ペルソナは、本章で説明するすべての手法と同様に、リサーチデータに基づく必要があります。

　ペルソナには、ユーザーセグメントの目的、動機、背景、好みが含まれています。これらはリサーチで収集した思考や行動のデータから作ります。システムの使用状況データでペルソナを検証してみましょう。MachineMetricsのC.トッドのチームでは、ユーザーのペルソナをいくつも作りました。分析を深めるために、アナリティクスソフトウェアから使用状況データ（ページビューとクリック数）を取得し、k平均法によるクラスタリング分析をしました。データポイントからの距離に基づいてクラスターを作成する手法です。ペルソナが5つある場合は、k = 5のクラスタリング分析をして、クラスターとペルソナが一致しているかを確認します。

　ペルソナが本物の人間に見えるように、どれだけ情報を追加すべきかについては議論があります。たとえば、写真を貼る、名前や年齢を選ぶ、出身地を決める、毎日のルーティンや趣味を作るなどがあります。こうした装飾はデータが存在しないときに「ペルソナに命を与える」ものです。しかし、一般的な想定から作成した情報は普遍的なものではありません。つまり、リサーチ以外の項目を使ってペルソナを装飾するときは、根拠のない思い込みをしているリスクがあるということです。

　たとえば、ペルソナに口ひげのある写真を使ったとしましょう。口ひげを見ると特定の民族と関連付ける人がいます（人種バイアスです）。あるいは、ワイアット・アープ、バイク乗り、ヒップスター、詩人などと関連付ける人もいるでしょう。これではペルソナの意味がありません。また、ジェンダーニュートラルであるべき文脈でも、特定のジェンダーを示唆してしまいます。リサーチでは思い込みを排除するために努力しているわけですから、余計な装飾によってそれがムダになるのは悲しいことです。サンプル全体が均一の特徴を持っていない限り、こうした装飾は避けるべきです（コラム「写真や名前のないペルソナ」参照）。

　複数のペルソナを作ることは可能ですが、あまりにも多いと理解するのが

難しく、プロダクトの観点からは実用的ではありません。私たちの経験からすると、ユーザー（と潜在的なユーザー）の概要を把握するには3〜6人のペルソナで十分です。

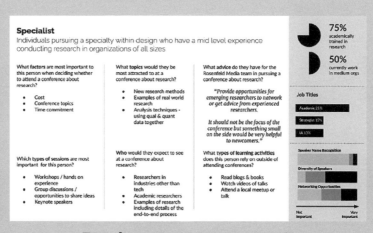

2019年、Advancing Research Conferenceのチームは、潜在的な参加者のニーズを理解したいと考え、コミュニティで調査を実施しました。彼らのレポート「Researching Researchers」（https://oreil.ly/mMW4R）には、不要な属性情報や装飾された背景を追加せずにペルソナを提示する優れた方法が示されています。図7.7がそのペルソナの例です。

写真や名前のないペルソナ

図7.7　「Researching Researchers」のペルソナの例

共感マップ

　共感マップは最もシンプルなユーザーモデルです。ユーザーがプロダクトやサービスを使用するときの内面を要約しています。通常、共感マップにはユーザーの「思考」「感情」「発言」「行動」の領域があります。ユーザーの「聞いたこと」「見たこと」「経験したペイン（苦痛）」「期待するゲイン（利得）」「ニー

ズ」「目的」「動機」「環境的な阻害要因」を追加することもあります。機能の使用前後のことを記入する領域を用意している共感マップもあります。図7.8に例を示します。

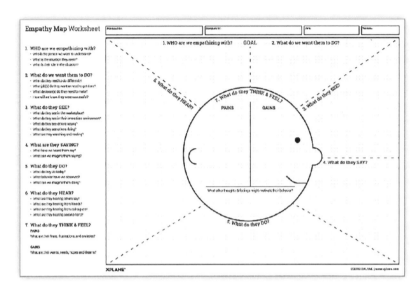

図7.8　共感マップの一般的なテンプレート（出典：XPLANE）CC BY-SA 3.0

まずは「思考」「感情」「発言」「行動」から始めましょう。リサーチクエスチョンに関連する領域を追加しても構いません。ただし、「期待するゲイン」や「動機」は複雑ですから、基本的な4つの領域を埋めてからにしましょう。

共感マップは参加者ごとに作ることをお勧めします。少なくとも、セグメント、コホート、ペルソナごとに作りましょう。複数のグループがあるのに共感マップをひとつだけにすると、細かな意味合いが失われ、優れたインサイトが得られません。

エクスペリエンスマッピング

データはユーザーの思考・反応・行動を明らかにします。**エクスペリエンスマッピング**とは、ユーザーのプロダクトの体験を視覚化したものの総称で

す。これは、優れたインサイトを生み出すための鍵です。エクスペリエンスマッピングには複数の種類があり、それぞれがさまざまなレベルで、さまざまな情報を伝達します。ここでは、ジャーニーマップ、サービスブループリント、メンタルモデルダイアグラムの3つを紹介します。

　ジャーニーマップとは、顧客のプロダクトやサービスの体験を物語形式で表した図です。通常、いくつかの**フェーズ**に分かれています。ジャーニーマップはエンドユーザーの体験にフォーカスしており、感情、精神状態、ペイン、好みなどの詳細が含まれています。図7.9では、チームでジャーニーマップを使用しています。

図7.9　Sherpa Designのチームがクライアントにジャーニーマップを説明しているところ

　サービスブループリントとは、組織のさまざまな部門が連携してユーザーの体験を作り出す様子を示した図です。サービスブループリントには、組織がサービス体験を生み出すためのデータが大量に含まれています。名前が「サービスブループリント」だからといって、サービスに限定したものではありません。すべてのプロダクトには、エンドユーザーの体験を作り出す仕組みがあります。サービスブループリントは、そうした仕組みを表しています。

　メンタルモデルダイアグラムとは、プロダクトを使用するときの思考や感情を視覚化したものです。プロダクトの機能がユーザーをサポートしている

ところと、ユーザーがうまくできていないところを示します。メンタルモデルダイアグラムは、構築している機能がユーザーのニーズを満たしているか、あるいは満たしていないかを確認できる便利なツールです[*6]。

エクスペリエンスマッピングは、協力的で楽しい分析ツールです。グループで合意しやすくなります。整合性のある物語を伝えることができます。ユーザーモデルと同様に、実際のリサーチデータに基づくものです。検証されていない思い込みに基づいて作成するものではありません。

スケッチ、ストーリーボード、プロトタイプ

可能性のあるソリューションを構築し、実際に体験することは、分析では自然なことです。ただし、構築にかける時間は減らし、評価や考察にかける時間を増やすことが重要です。したがって、コーディングやワークフローの変更から始めてはいけません。自分の考えをすばやくスケッチして、ストーリーボードやプロトタイプにまとめましょう。そして、うまくまとまっているかを確認します。まとまっていなければ、何度も繰り返しましょう。

ここで紹介する4つの手法は、誰でも一人で実施できます。短い反復的なサイクルに適しているので、他の分析手法とも共存可能です。

スケッチとは、自分の考えを視覚化する最も簡単な方法です。スケッチはすぐに描くことができます。すぐに破棄することもできます。したがって、通常はペンと紙またはホワイトボードを使います。スケッチは簡単に描けるため、みんなで話し合うための優れたツールです。

スケッチは非常に柔軟です。アイコン、画面、画面遷移、論理の流れ、サービスのワークフロー、組織構造など、何でもスケッチできます。アプリや

---

6 メンタルモデルダイアグラムについては、Indi Young の 著書『Mental Models』(Rosenfeld Media, 2011)〔邦訳：『メンタルモデル―ユーザーへの共感から生まれるUXデザイン戦略』インディ・ヤング著、田村大監訳、酒井洋平、澤村正樹、重村将之、羽山祥樹訳、丸善出版、2014 年〕を参照してください。

ウェブサイトのユーザーインターフェイスを作るときは、スケッチが最初の
ステップになるでしょう。また、ストーリーボードを作るときの最初のス
テップでもあります。

　ストーリーボードとは、複数のスケッチで流れを示したものです（図7.10
参照）。アプリの画面やユーザーの日常生活などのシンプルなものでも構い
ません。線と円が描ける人なら、誰でも基本的なストーリーボードを作れま
す。複雑なストーリーボードを外部の人に見せる場合は、芸術的なスキルが
必要になるかもしれません。たとえば、公共空間を扱った物語を共有するの
であれば、日常的なシーンや人々の表情を詳細に描く必要があるでしょう。

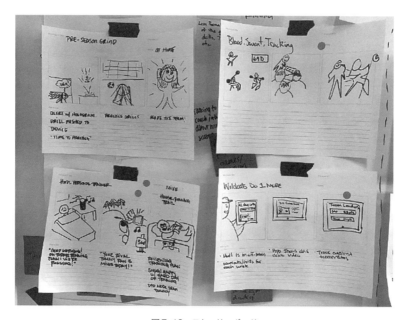

図7.10　ストーリーボード

　ユーザーインターフェイス（UI）プロトタイプとは、静的な画面をイン
タラクティブにしたものです。UIプロトタイプでは、**ハッピーパス**を扱い
ます。エラーやエッジケースを考慮しないフローのことです。ヒューリス
ティックな評価、ステークホルダーのフィードバック収集、基本的なユーザ
ビリティ調査に使うなら、UIプロトタイプで十分です。アプリと同じよう

に機能するプロトタイプは、**UI シミュレーション**と呼ばれます。

UI プロトタイプはできるだけ本物に近づけて作ることをお勧めします。以前は最終プロダクトのように見えるプロトタイプを作ることは困難でした。しかし現在では、Sketch や Figma などの最新の UI デザインツールによって、最終プロダクトとほぼ同じルック・アンド・フィールのプロトタイプを簡単に作成できます。

UI プロトタイプは画面の体験を確認するものですが、サービスの体験は画面では確認できません。**ロールプレイング**でサービスを実際に体験してみれば、提案するアイデアが有効かどうかを確認できます。ロールプレイングとは、ジャーニーマップやサービスブループリントの手順を実行しているようなものです。待ち時間、中断、怠惰なスタッフなど、できるだけ現実に近い流れを体験してみましょう。あなたがデザインした輝かしい部分までスキップしたいと思うかもしれませんが、我慢してください。また、あとで体験を確認できるように、誰かに記録しておいてもらいましょう。

7.1.3 　集計による分析

アナリティクスについては本書全体で説明していますが、ここではみなさんの道具箱に入れてもらいたい量的な分析手法を紹介します。これまでの質的な分析手法と組み合わせれば、非常に強力です。

ファンネル分析

ファンネルとは、ユーザーが進むプロダクトの経路です。ファンネルの上部にあるのは、ユーザーとプロダクトの最初のタッチポイントです。通常であれば、ウェブサイトの初回訪問になるでしょう。残りの部分は、ユーザーをプロダクトに届ける（顧客にする）ステップです。各ステップには離脱があります。たとえば、1 日に 100 人の訪問者がウェブページにアクセスしたとします。そのうち 50 人がトライアルユーザーに登録して、1 週間以内に 10 人が課金ユーザーになったとしましょう。途中で離脱した人たちがいる

ので、100人→50人→10人のように人数が減っています。**ファンネル分析**では、ファンネルのどこでユーザーが離脱しているかを確認できます。各ステップのコンバージョンを理解することが重要です。ファンネルにはオープンとクローズドの2種類があります。ウェブのサインアップを例にして説明しましょう。

クローズドなファンネルとは、経路がひとつだけで、脇道がないものです。

ランディングページ→氏名、メールアドレス、パスワードの入力→プランの選択→サインアップ完了

オープンなファンネルとは、途中で脇道にそれても最終的に目的に到達できるものです。以下の例は、いずれも購入が目的ですが、そこに到達するまでの経路はさまざまです。

サインアップ→商品のページ→推薦の声→購入

サインアップ→購入

サインアップ→推薦の声→プランの比較ページ→購入

ファンネル分析には限界があります。オープンなファンネルであっても、ユーザーの行動が直線的であると想定しています。しかし、現実はそうではありません。ファンネルの各ステップを（本章で説明した）ジャーニーマップに一致させれば、量的分析と質的分析を組み合わせることができるため、実態を把握しやすくなります。

コホート分析

コホート分析とは、時系列にエンゲージメントを測定するものです。基本的なタイプは「獲得」と「行動」の2つです。**獲得コホート**は、ユーザーがサインアップした時期でセグメント化します。サインアップした日、週、月

ごとに分類して、日別、週別、月別のコホートを追跡します。こうすれば、ユーザーがどれだけ長くプロダクトを使い続けているかがわかります。**行動コホート**は、ある期間内にユーザーが行なった（または行なっていない）行動でセグメント化します。

　たとえば、メッセージングアプリに30日間の無料トライアルがあるとします。特定の日（たとえば8月31日の月曜日）にサインアップした人の行動を調べることにしました。どのくらいの頻度で戻ってきているでしょうか。毎日でしょうか。毎週でしょうか。使用頻度は相関する行動から求めることができます。第3章の「3.4.2 セグメントとコホート」で紹介したFacebookの「10日間で7人の友達」を思い出してください。相関関係は因果関係ではありませんが、答えを求める出発点にはなるでしょう。その他にも、サインアップしてから1日以内に戻ってきたユーザーはエンゲージメントの高い課金ユーザーになりやすいというZyngaの例や、「X日でY人のユーザー」（XとYは明らかになっていません）というLinkedInの例もあります。これらは最終的に3つのタイプに分類できます[7]。

●ネットワークの密度
　一定期間内のつながりの増加：Facebook、LinkedIn、Twitterなど

●コンテンツの増加
　一定期間内にユーザーが追加する情報：30日以内にEvernoteに情報を追加したり、Constant Contactでメールを送信したりすること

●訪問頻度やコンテンツの消費
　ユーザーが戻ってくる頻度：Zyngaの1日以内のユーザー、Netflixのエピソードごとの視聴回数の違い

---

7 Richard Price, "Growth Hacking: Leading Indicators of Engaged Users" (October 30, 2012), https://www.richardprice.io/post/34652740246/growth-hacking-leading-indicators-of-engaged.

コホート分析によって離脱や定着の領域を特定することはできますが、定着（リテンション）を深く理解するにはさらに多くのことが必要です。

リテンション分析

リテンション分析とは、顧客がプロダクトの使用を停止する前にしていた行動を掘り下げるものです。顧客を失った場所を見つけるための数値を提供してくれます（図7.11参照）。**定着率**は、プロダクトに課金しているアクティブユーザーの人数を、ある期間の開始時点のアクティブユーザーの人数で割った数値です。

図7.11　コホートのリテンション分析（出典：pendo.io）

たとえば、月の頭に2,500人のアクティブユーザーがいて、翌月の頭に2,000人になっていたとします。このときの定着率は80％です。分析はこれで終わりではありません。売上継続率にも影響があるはずです。3つの料金プランがあるとしましょう（5ドル、10ドル、50ドル）。離脱した人たちが無料版や安いプランのユーザーであれば、それほど影響はありません。しかし、高いプランのユーザーばかりであれば、深刻な影響を受けてしまいます。リテンション分析をファンネルやジャーニーマップと組み合わせれば、プロダクトビジネスの実態を明らかにすることができます。

勝敗分析

　勝敗分析とは、販売データを使用して、人々がプロダクトを購入する（購入しない）理由を理解する手法です。勝率、勝敗率、敗因の3つが主要な要素になります。

　勝率とは、販売の機会の回数と成約の回数の割合です。他のパラメーターを追加してセグメント化することもできます。たとえば、業界のパラメーターを追加すれば、プロダクトが受け入れられやすい業界を特定できます。あるいは、マーケティングキャンペーンの成功を判断するために、マーケティング活動でセグメント化することもできます。たとえば、電子書籍とメールのキャンペーンの売上を比較できます。

　勝敗率とは、一定期間内の勝敗の比率のことです。他の指標と同様に、パラメーターを使ってセグメント化できます。たとえば、営業チームや営業担当者をパラメーターにして、誰がパフォーマンスを上げているか（上げていないか）を確認したり、誰と誰が競争相手になっているのかを確認したりできます。

　敗因とは、成約できなかった理由を確認するものです。セグメント化すれば、さらに深い理由が明らかになります。たとえば、現在のプロダクトが持っていない機能を必要としている市場でセグメント化できます。必要となるデータはCRMからダウンロードできるものではありません。失注した見込み客にインタビューする必要があるでしょう。ご存じのように、私たちはインタビューが大好きなのです！

　量的分析を使えば、既存のプロダクトを改善する機会を発見するのに役立ちます。ただし、量的分析だけではプロダクトのブレイクスルーにはつながりません。April Dunfordのインタビューの話を思い出してください（第5章参照）。

人間的解釈の価値

　分析で覚えておきたいのは「人間的解釈の価値」です。基本的には質的調査と関係がありますが、量的データの分析にも使えます。人間的解釈を使えば、合計や平均値だけでなく、データの背後にある人間の物語を見ることができます。当然ながら主観的なものになるでしょうが、たとえ一人の参加者の経験や考えに基づいたものだとしても、豊かな実態や興味深い物語が生まれるのであれば問題ありません。人間的解釈とは、参加者にランダムな主観的判断を下すものではありません。前提となるのは、有効かつ一般化できるのであれば、あらゆる参加者の経験や意見が重要であるというものです。閾値を超えなければ注目しない統計的解釈とは大きく異なります（なお、プロダクトリサーチでは、統計的解釈を前提とした量的調査も必要です）。

　公共交通機関での経験について1,250人にインタビューしたところ、1,249人が「何の問題もない」と答えたとしましょう。残り一人の参加者は、地下鉄での恐怖体験を語ってくれました。突然、乗客2人の口論が始まり、ケンカになったそうです。その彼は被害にあったわけではありませんが、地下鉄という閉鎖環境からはどこにも逃げられなかったそうです。いずれケンカが周囲にまで広がり、自分も巻き込まれてしまうのではないかと恐怖を感じていました。自分は危険にさらされていて、誰の助けも得られないと思いました。彼はその事件から強い影響を受け、常に危険を感じるようになりました。それからというもの、彼は地下鉄を避けているそうです。

　統計的解釈や科学的解釈では、公共交通機関には問題がないと結論付けるでしょう。ケンカを目撃した彼はエッジケースと見なされます。一方、人間的解釈では、公共交通機関にはおおむね問題がないことを認めながらも、乗客同士のやり取りによって影響を受けた人がいたことに注目します。そして、個人の安全、乗客同士のやり取り、閉鎖空間で困難を抱える人のためのインテリアデザインのリサーチを実施すべきだと結論付けるでしょう。

　しかし、ここで問題が発生します。「そういう経験をした人は何人いるのか？」と質問する人が出てくるのです。つまり、質的なデータが量的なコン

テクストに移動させられるのです。まるで水と油です。

　人間的解釈を幅広く適用するにはトレードオフがあります。豊かなインサイトが得られる可能性がある一方、バイアスが発生する可能性も高くなります。その結果、根拠のない無効な結果につながる可能性が生まれます。

7.2　現実世界で見るルール：
　　　外注先があっても一緒に分析する

　Hürriyet Emlak は、イスタンブールを拠点にするオンライン不動産の会社です。彼らはマーケットリーダーに対する挑戦者であり、完璧な UX を提供しながら、魅力的なサービスを追加していくというプレッシャーを感じています。予算が限られているスタートアップ企業なので、リサーチレポートを待っている余裕はありません。ユーザーから学び、その結果に基づいて**すばやく**行動しなければいけません。

　フィードバックのスピードを上げるために、UX デザイン会社 Userspots の協力を得て、集中的なワークショップを開催しました。デザインをテストして、改善点を出すためのワークショップです。事前準備として、Userspots がユーザーを募集し、ユーザーシナリオを作成して、3 人のユーザーでデザインをテストしました。また、あらかじめ分析したり追加の質問を考えたりできるように、セッションの記録を Hürriyet Emlak のチームと共有しました。

　ワークショップ当日は、午前中に 3 人にユーザビリティ調査をしました。Hürriyet Emlak のチームが作った質問をもとに、Userspots のリサーチャーと Hürriyet Emlak のデザイナーが一緒にセッションを担当しました。セッションの合間には、両チームが一緒になってプロトタイプを修正しました。そして、午後には調査結果を分析して、可能性のあるソリューションを提案しました（図 7.12）。それには、すぐに解決できるものもあれば、サービスを全面的に見直すものや、さらに検討が必要なものもありました。これらの項目には優先順位が付けられ、プロダクトバックログに追加されました。

Hürriyet Emlak は、ユーザビリティ調査の手順やレポートを簡略化するために2つの工夫をしていました。1つ目は、経験豊富なリサーチャーにすべてを任せずに、調査の一部を自分たちで担当したことです。2つ目は、調査後すぐに一緒に分析して、行動につながる結論を導き出したことです。その結果、問題発見から修正提案までの時間を大幅に短縮することができました。このワークショップは、チームが実施すべきリサーチのテンプレートとなり、プロダクト開発のワークフローに組み込まれました。

図7.12　Hürriyet Emlak と Userspots のチームのセッションの様子

　リサーチをすべて外注することもできたでしょう。しかし、外注先にはレポートやプレゼンを作ってもらう必要があります。また、ソリューションに取りかかる前に、これらの資料を理解する必要があります。これが別々に作業することの代償です。リサーチデータの意味を理解したり、結果を関係者に伝えたりするには、最初から一緒に分析したほうがいいのです。

　リサーチ手法に関する知識がない場合は、リサーチを外注しても構いません。たとえば、リサーチクエスチョンでアイトラッキング調査が必要となったとしましょう。専門家や機器が存在しないのであれば、外注する以外に選択肢はありません。ただし、外注先に協力してもらいながら、一緒にリサーチや分析をするべきです。

プロダクトリサーチのためのデータ分析は、技術研究や科学研究のための
データ分析とは違います。主な違いは、何年もかけて入手できる真実よりも、
数週間で入手できるユーザーの役に立つインサイトのほうが優先されるとこ
ろです。経験を積んでいくと、データに適した分析手法がわかるようになり
ます。また、より豊かで適切なインサイトを得るために、複数の手法を組み
合わせる感覚も身に付きます。

7.3　重要なポイント

◎データの意味を理解するために、世界から孤立する必要はありません。
　関係者に呼びかけて、一緒に分析しましょう。チームの専門知識を利用
　して、みんなの視点を取り入れましょう。

◎リテンション分析、勝敗分析、コホート分析、ファンネル分析などの量
　的手法は、分析に深みを持たせることはできますが、その限界には注意
　してください。

◎人間的解釈によって人の経験を理解することはできますが、インサイト
　の質を低下させるバイアスについても認識してください。

長文のレポートを楽しみながら
書いたり読んだりしていますか？

第 8 章

Rule 8.

インサイトは
共有すべきものである

　最後に「レポートを読みたい」と思ったのはいつですか？　プロダクトリサーチでは、ユーザーの体験を調べるだけでなく、それを誰かに伝えることが重要です。世の中には読まれないレポートもありますが、レポートは読まれるために書くものです。

　C.トッドがConstant Contactで最初のデザインスプリントを実施したときのことです。同僚と一緒に1週間かけて53ページのレポートを作成しました。レポートには、市場調査、デザインモックアップ、ユーザーインタビューとプロトタイプテストの結果などを書き込みました。しかし、そのレポートを読んでくれたのは5人もいませんでした。重要なインサイトが日の目を見ることはありませんでした。とはいえ、悪い話ばかりではありません。このときの発見がきっかけとなり、成功の見込みがないプロダクトにお金をかけずに済んだのです。53ページのレポートは、あってもなくても同じでした。多くのレポートが同じ運命をたどります。フォーマットが整っていても、誰にも読まれないのです。

　長いレポートは結果にたどり着くまでに時間がかかります。こうしたレポートは、作成にも時間がかかりますが、内容を理解するにも時間がかかります。学術的な世界では、これは意図的なものです。そのリサーチが健全かつ信頼できるものであり、知識を進歩させるものであることを確認するために、議論と批判が必要になるからです。一方、ビジネスの世界では、インサ

イトをすばやく実行できるように、できるだけ短くする必要があります。

　文章は情報の伝達には優れていますが、人を動かすには相当な技量が必要です。密度が高く、無味乾燥とした、統計情報の多い文章は、結果を共有する最良の方法ではありません。プロダクトを取り巻く感情、システムに存在する政治、型にはまらないプロダクトやサービスの使用方法など、現実世界には信じられないような話がいくつもあります。情報は素晴らしいものです。しかし、リサーチで発見したのは情報だけではありません。そこにはインサイトが含まれるのです。

　第3章の**インサイト**の定義を思い出してください。インサイトとは「ある状況を別の視点から見たときの価値のある情報」でした。本章では、レポート以外の方法でインサイトを共有する2つのアプローチを紹介します。1つ目は、プレゼンテーションです。あまりにも一般的な方法ですが、必ずしも意図した結果が得られるとは限りません。ここでは、プレゼンテーションに使えるフレームワークを紹介します。2つ目は、物語のプロトタイプです。リサーチがビジネスに与えるインパクトをインタラクティブに示したものです。リサーチから共有可能な価値のあるインサイトを作り、関係者から本物の同意を得てください。

　先へ進む前に、インサイトの共有相手を考えてみましょう。ステークホルダーはプロジェクトや会社によって違います。「このインサイトを誰が知る必要があるか?」「この情報をもとに誰が行動を起こすのか?」と自問してみましょう。一般的にステークホルダーとは、行動を起こすチームと取締役または経営幹部になります。

8.1　プレゼンテーション: 長いレポートを使わずに同意を得る

　プレゼンテーションは、長くて読みづらいレポートに頼ることなく、リサーチ結果を共有できる優れた方法です。ただし、プレゼンテーションに何

を含めるべきかは吟味する必要があります。リサーチと分析が終わったら、最初にすべき質問は「共有可能な**最も重要なインサイト**は何か？」です。次の質問は「ステークホルダーに求める意思決定は何か？」です。2つの質問に対する答えを並べると、プレゼンテーションで何を共有すべきかがわかります。

みなさんは複数のインサイトを持っているはずです。インサイトには重要なものとそうではないものがあります。プレゼンテーションのフォーカスを決めるために、「どのように分析者に響いたのか？」「どのようにリサーチクエスチョンと関係しているのか？」の2つの側面から各インサイトを検討します。これらの質問を使用して、プレゼンテーションの骨子となる3〜5つのリサーチ結果を特定します。

プレゼンテーションのターゲットについてもリサーチする必要があります。部屋に入る前に聴衆の反応を予想しておきましょう。可能であれば、ステークホルダーと個別に話しておきましょう（Slackのチャットや廊下での立ち話でも構いません）。リサーチの結果がステークホルダーの優先事項と一致しているかどうかを確認するためです。ちなみに、C.トッドは著書『Product Roadmaps Relaunched』（O'Reilly）で、このことを「シャトル外交」と呼んでいます。シャトル外交で得られた知識は、最終的な提案事項を作るときに役立ちます。

リサーチプロジェクトのプレゼンテーションには論理的なフレームワークが必要です。不必要な詳細を聞かせて退屈させるのではなく、リサーチのプロセスと重要な結果を伝えましょう。また、インサイトだけでなく、その背景にある参加者の活動や反応についても説明しましょう。フレームワークは以下の基本構造に従う必要があります。

1. リサーチクエスチョンの理由を定義する
2. 結論を述べる
3. 思い込みや仮説を説明する
4. 観測結果と分析を共有する

5．ソリューションを提案する

6．要点を明確にして理由を強調してから終了する

6つのステップを詳しく見ていきましょう。

1．リサーチクエスチョンの理由を定義する

Simon Sinek の著書『Start with Why』(Portfolio)〔邦訳：『WHY から始めよ！』サイモン・シネック著、栗木さつき訳、日本経済新聞出版、2012年〕を読めば、私たちの言いたいことがわかるでしょう。Sinek は、最初に Why を明らかにしてから、次に How、最後に What の順番で説明することを推奨しています。日常会話では逆の順番で説明しますが、それでは効果がありません。最初に目的と理由を説明することで、聴衆にこれから進むべきビジョンを伝えることができます。物語の始まりとして、理由の枠組みは非常に重要です。物語を説明するときは、「なぜそれが重要なのか」「どのようにやったのか」「何をやったのか」の順番で説明します。そうです、みなさんは物語を説明するのです。

プレゼンテーションの最初の部分では、リサーチクエスチョンの理由を明確に定義して、それをどのように思いついたのかを説明します。たとえば「なぜこのトピックを調べる必要があるのか？」「どのようにプロダクトに役立つのか？」「どのように聴衆に役立つのか？」といった質問に答えます。

2．結論を述べる

「結論は最後でしょう」と言いたいのはわかります。しかし、プレゼンテーションの最後まで結論を待ちたくはありません。

結論を単刀直入に冒頭で伝えることをお勧めします。エグゼクティブサマリーだと思ってください。手法と観測結果を先に説明すると、聴衆があなたとは違う結論を導き出す可能性があります。あなたはそれを望まないでしょうが、聴衆も望んでいるわけではありません。どこへ向かっているかを先に伝えておけば、どうやってそこにたどり着いたのかを説明できます。データやインサイトに特定のバイアスや信念を持った聴衆がいる場合は、特に説明

が必要でしょう。目的地を先に伝えることで、こうした聴衆があなたのプレゼンテーションの妨げになるリスクを軽減できます。

3.思い込みや仮説を説明する

あなたが持っていたバイアス、リサーチを開始する前の思い込み、検証しようとしている仮説を明らかにして、あなたの努力と知性を示しましょう。そして、これらに対して、あなたがどのように対応したのかを共有してください。

4.観測結果と分析を共有する

リサーチ結果を簡単な言葉で説明してください。強い意味を持たない汎用的な表現を使わずに、簡潔な文章にしましょう。たとえば「一部のユーザーかもしれないが、ボタンが見づらい可能性がある」ではなく「ボタンが見づらい」と言い切りましょう。参加者のことを説明するときは能動態にしましょう。参加者が何をしたのか、なぜしたのかを明確で簡潔な文章で説明してください。こうすることで、参加者の視点から物事を見ることができます。また、すばやく簡単に理解できます。

観察したことを共有する方法はいくつかあります。質的なもの（引用、ビデオ、録音、作成物、日記調査の記録）もあれば、量的なもの（アンケート調査の結果、数値的相関、タスク前後の質問票、パフォーマンスの指標）もあります。収集したデータから手に入れた結果を簡単に説明しましょう。それはどういう意味でしょうか？　参加者がそのように行動または報告したのはなぜでしょうか？

5.ソリューションを提案する

主要なリサーチ結果について、それぞれ3〜5つのソリューションを提案します。UIについては、作り込んでも構いませんし、雑に作っても構いません。いずれにしても、提案するソリューションにはチーム全員が責任を持ちます。開発が終わっていなければ、開発チームにも相談してください。分析やフィールド調査にも参加してもらいましょう。ソリューションを思いついたとしても、本番に反映するまで責任を持って取り組む必要はありません。

また、あなたの提案が最後まで残るわけでもありません。必要なのはアイデアと反応であり、完璧なプロトタイプではありません。

　この段階で提案が採択されることを期待しないでください。あなたの提案は出発点にすぎません。デザインチームがそれを見て、そこからインスピレーションを得て、最終的に何も使わなかったとしても、まったく問題ありません。

　提案はUIだけではありません。プロダクトの変更もあります。価格設定、ポジショニング、キャンペーン、システム変更、ブランド更新などの運用上の提案もあるでしょう。いずれにしても、大きな変更を提案するときは言葉づかいに注意してください。明確かつ簡潔にするのはもちろんですが、組織に対して指示を出すというよりも「検討」をお願いするようにしましょう。

- 「機能Xを削除することを検討してください」
- 「ログインしていないユーザーを許可することを検討してください」
- 「フリーミアムの可能性を検討してください」

　レポートには推薦するデザインも含めるべきでしょうか。必須ではありませんが、データを分析するチームがデザインを思いついたのなら、レポートにデザインを含めても問題ありません。デザイナーがいるかどうかにかかわらず、リサーチチームが問題に一番近いわけですから、優れたソリューションを持つ可能性は高いでしょう。

6.要点を明確にして理由を強調してから終了する
　リサーチ結果を共有したら、補足的なリサーチ結果にもアクセスできるようにします。文章は簡潔に、理解しやすく、同じような言葉づかいで書いておきましょう。補足資料はリサーチの物語をサポートするものか、少なくとも邪魔をしないものにしましょう。インサイトは箇条書きにすることもできます。そのほうが簡潔になるはずです。収集したデータも一緒に書いておきましょう。

プレゼンテーションの最後は、最初と同じくらい重要です。リサーチクエスチョンを強調し、リサーチ結果を要約し、提案するソリューションに触れましょう。次のステップがあれば、それらを列挙しましょう。そして、フィードバックや提案を求めましょう。アイデアを提案した人にはコミットメントを求めましょう。興味を持ってくれそうな人がいるかどうかを聞くことも重要です。インサイトと結論をリサーチクエスチョンに結び付け、常に**Why**を強調しましょう。

プレゼンテーションが終わったら、スライドを共有してください。詳細はプレゼンターノートに記入しておきましょう。インサイトを提示するわけですから「How」を説明する必要はありません。手法のスライドは後ろのほうに置いておきましょう（プレゼンテーションで触れなくても構いません）。手法に関する質問があったときに、こうしたスライドがあると便利です。また、スライドを共有しておくと、プレゼンテーションに参加できなかった人にも情報が伝わります。

8.2　物語のプロトタイプ：ショー・アンド・テル

プロトタイプを使用すると、情報を共有できるだけでなく、推薦するデザインやソリューションの実装例も提示できます。リサーチ結果のインパクト（現実性と可能性）を見せたいときに適しています。**できるかもしれない**ことを説明するよりも、実際に作ってしまえば正確に意図を伝えることができます。

物語のプロトタイプは、通常のプロトタイプとは違います。物語のプロトタイプには「物語」があります（オレンジがオレンジ色なのと似ていますね）。物語のプロトタイプは、**内部のステークホルダー**を対象にしています。物語のプロトタイプには、ソリューションが含まれます。また、リサーチのインサイトに基づいて、そのソリューションが選ばれた理由を説明する明確な流れがあります。

デザインシステムを使えば、忠実度の高いプロトタイプをすばやく構築できます。しかし、これは正しいアプローチなのでしょうか。プロトタイプを見たステークホルダーは「問題は解決済み」「解決策はひとつしかない」と思うかもしれません。

　従来のプロダクトリサーチでは、プロトタイプの忠実度は高くするべきではないとされていました。ステークホルダーに「プロダクトはまだ完成していない」「他の可能性も考えられる」ことを伝えるためです。しかし、私たちの経験では、忠実度が高くないプロトタイプのほうが問題になります。「どうしてデザインを変更するのですか？」「流れはよいと思いますが、デザインが直線的すぎませんか？」「どうして白ばかりなのですか？」といった質問やコメントが増えるからです。提案しているデザインではなく、なぜ忠実度の低い見た目になっているのかを説明することになります。その結果、プレゼンテーションのフォーカスがブレて、聴衆の貴重な注意力がムダになるでしょう。

　ソリューションに集中できるように、忠実度の高いプロトタイプを提示することをお勧めします。

　物語のプロトタイプを作るときは、さまざまなデバイスで閲覧されることを忘れないでください。デスクトップ環境だけでなくモバイル環境にも対応しましょう。プロトタイプの流れは、プレゼンテーションの流れに沿ったものにします。ただし、プロトタイプのほうがインタラクティブなので、リサーチ結果のさまざまな要素にフォーカスできます。物語のプロトタイプを作成するときには、以下のアウトラインが役に立ちます。図8.1に示すように、基本的なタスクが4つあります。

1 リサーチを一言で表す

2 手法の概要を示す

3 経路と代替案を列挙する

4 プロトタイプを見せる

図8.1　物語のプロトタイプを作る4つのステップ

それぞれ説明していきましょう。

1. リサーチを一言で表す

　プロトタイプの開始画面には、リサーチの説明文を入れておきましょう。リサーチクエスチョンが使えるならばそれがベストです。そして、プロトタイプに移動する方法（[次へ] ボタンなど）を配置しておきます。求めているフィードバックによっては、以下のような文言にすることもできます。

- [ソリューションを見る]
- [代替案を表示する]
- [リサーチプロジェクトの詳細]
- [私たちのリサーチの様子]

2. 手法の概要を示す

　2番目の画面では、どのようにリサーチ手法を選択したのか、どのように参加者を募集したのか、どのようにデータを収集したのかをまとめます。創造的かつ魅力的にするには、各セクションに詳細のリンクを貼るといいでしょう。プロトタイプのなかで、プレゼンテーションをするような感じです。すべてのプロセスを順番に説明するのではなく、詳細を確認したいときにだけ見てもらうことができます。

3. 経路と代替案を列挙する

　プロトタイプの経路を示します。代替案には短いタイトルと1行の説明文を書いておくと便利です。たとえば「高速送金：不要なフィールドを省略する新しいフロー」「シンプルなチェックアウト：新しいお財布機能を使う簡略化されたフロー」のようにします。比較用のページを作ってリンクを貼ることもできます。たとえば、コストとメリット、実装の容易さ、運用の負担などは表にまとめるといいでしょう。テスト結果の数値がある場合は、それらを表にすることもできます。ただし、モバイルで全体を表示するのは大変なので、重要な要素のみを選択してください。

4. プロトタイプを見せる

　ここからの画面は、作成したプロトタイプになります。それぞれの最後のページに内容をまとめます。たとえば、問題の解決方法、コストとメリット、

実装の容易さ、運用の負担などの懸念点をまとめておきます。そして、他の経路に進むためのリンクを貼ります。画面3に戻ることもできます。少し手間はかかりますが、創造的な選択肢として、最後にフィードバックフォームを置くこともできます。

8.2.1 ナビゲーション

　閲覧者がプロトタイプを自由に移動できるようにすることが重要です。いつでも画面1と画面3に戻れるようにしておきましょう。画面1に戻れば、リサーチの概要がわかります。画面3に戻れば、代替案に移動できます。可能であれば、途中で他の代替案に移動できるようにしておきましょう。画面のデザインを変更する提案のときに便利です。アナリティクスツールを追加して、閲覧者の移動を追跡することもできます。閲覧者はメニューに戻っているでしょうか？　それともひたすらタップしているでしょうか？　閲覧者の移動からはさまざまなことがわかります。

8.2.2 パーソナライズ

　よく知らないデータがあると、ユーザーが移動の途中でつまずくことがあります。C.トッドがConstant Contactでプロトタイプのテストをしたときのことです。プロトタイプには花屋のデータが使われていました。法律事務所に勤務している参加者が、知識のないビジネスのデータを見て戸惑っていました。そして、テストとは関係のないところにばかり目を向けるようになってしまいました。内部でプレゼンテーションするときは、チームやステークホルダーに合わせて、プロトタイプをパーソナライズしましょう。そうすれば、ユーザーを混乱させることなくプロトタイプに集中してもらえます。少し手間はかかりますが、やるだけの価値はあります。

8.2.3 配布

　物語のプロトタイプの配布方法はさまざまです。パブリッククラウド、内部サーバー、Dropboxなどのファイル共有サービスが使えます。

一般的には、Figma、Sketch、Adobe XD、Justinmind、InVisionApp、Framerなどのプロトタイプツールを使用します。こうしたツールには、共有する相手や期限を制限できる機能があります。ただし、医療、金融、電気通信などの業界では、規制によりデータをクラウドに置けない場合があります。詳しくは、法務やコンプライアンス部門に確認してください。規制によって、機密性の高いユーザーデータ（プライバシーとデータの保護のため）、既知のバグ（セキュリティ上の理由から）、将来の計画（戦略的優位性を保護し、内部情報の取引を排除するため）の共有に制限がかかっていることもあります。事前によく調べておきましょう。画面デザインを共有しただけなのに、多額の罰金を払うはめになるなんて悲しいことです。

2つのアプローチのいずれかを使うことで（あるいは組み合わせて使うことで）、インサイトや作成物を共有できます。そうすると、質問やコメントや恐怖の「じゃあ、これはどうなの？」の声が飛んできます。言い換えれば、フィードバックを受け取ることになるのです。フィードバックをどのように管理するかによって、あなたのインサイトが次の行動につながるか、無視されるかが決まります。

8.3　フィードバックの管理

すべてのフィードバックは良いものですか？　「はい」と答えた人は、すべてのフィードバックに価値があり、フィルタリングする必要はないと主張します。プレゼンテーションやプロトタイプの意図に沿っていなくても、フィードバックを受け入れます。「いいえ」と答えた人は、すべてのフォードバックが等しいことはなく、価値がないフィードバックは破棄すべきだと主張します。ただし、価値のあるフィードバックまで破棄してしまうリスクがあります。

どちらが正しいのでしょうか。答えは「はい」のほうです。すべてのフィードバックは良いものです。これから説明しましょう。

フィードバックは、成功するプロダクトのエネルギー源です。良いフィードバックとは、重要な3つの質問のいずれかに答えているものです〔訳注：おそらく以下の論文を参考にしています。Hattie, J., & Timperley, H. (2007). The power of feedback. Review of educational research, 77(1), 81-112.〕。

・目的は何か？
・目的に向かってどのように進んでいるか？
・次に何をすべきか？

それぞれ、**フィードアップ（目的）**、**フィードバック（進捗）**、**フィードフォワード（次の行動）** と呼ぶこともできます。受け取ったフィードバックは、これらの3つのカテゴリーに分類します。

フィードバックを嫌がる人もいます。人間の脳は社交的な脅威に対してストレス反応を示すためです。フィードバックが脅威となり、自衛本能が引き起こされるのです。求めていないフィードバックを大量に受け取ると、シャットダウンが発生します。あなたがフィードバックをする側であれば、受け手側がうまく処理できるように、思いやりのあるアプローチをとるべきです。

次のセクションでは、感嘆型（反応型）、指示型（修正型）、探究型（批評型）の3種類のフィードバックを見ていきます*1。それぞれに意味と使いどころがあります。フィードバックを解釈してうまく取り込むことができれば、リサーチを前進させることができるでしょう。

8.3.1　感嘆型フィードバック

感嘆型フィードバックとは、感情的で瞬発的なものです。おそらくこれが

---

1 Adam ConnorとAaron Irizarryの著書『Discussing Design』(O'Reilly)〔邦訳：『みんなではじめるデザイン批評』アーロン・イリザリー、アダム・コナー著、安藤貴子訳、ビー・エヌ・エヌ、2016年〕の用語を参考にした。

最も一般的なフィードバックでしょう。「おー！」や「えー？」といった言葉からは、プレゼンテーションやプロトタイプに対する反応がよく伝わります。感嘆型フィードバックは、感情的な反応であることから「反応型」とも呼ばれます。

　感嘆型は感情的なので、適切に処理する必要があります。肯定的な表現、否定的な表現、中立的な表現は、あなたにどのような影響を与えるでしょうか。人間は感情的な生き物です。できるだけ合理的に物事を進めたいところですが、反応型のフィードバックをヒントにして、ユーザーやステークホルダーの情報を解釈する必要があります。

　誰かが「うわ！　すごい！」と叫んだら、どのように解釈すべきでしょうか。さらに掘り下げて理由を聞いてみるのがひとつの方法です。同じような感情と言葉づかいで「うわ！　ありがとうございます！　どこがすごかったですか？」と聞いてみましょう。「うわぁ……これはひどい」のような否定的な反応だったら、こちらも同じように「うわぁ……ごめんなさい。どこがひどかったですか？」と聞いてみましょう。

　フィードバックと同じような言葉づかいや表現を使いましょう。そのような反応をした理由を探るためには重要です。即座に「なぜすごいのですか？（なぜひどいのですか？）」と聞いてしまうと、反応が間違っていたと思われてしまい、相手が防衛的になる可能性があります。反応が「間違って」いることはありません。適切に解釈できるように、あなたから相手を理解する必要があります。あなたの対応が不自然であれば、追加の情報が手に入らないリスクがあります。心理的安全性を確保することが重要です。心理的安全性を感じられない人は、追加の情報を提供してくれません。

　「すごい！」と言われても、理由が不明なのは困ります。このような感嘆型フィードバックをする人は、辛辣な反応をすると嫌われるのではないか、反応を評価されるのではないかとおびえているのです。そのような反応をした理由を聞いてから、相手が注目している部分に話を振ってみましょう。

「あー」のような中立的な反応もあります。さらに掘り下げてフィードバックを引き出しましょう。

8.3.2 指示型フィードバック

指示型フィードバックとは、その名のとおり、あなたに指示をするフィードバックです。これはすぐにわかります。「〜してはどうだろう？」「どうして〜しないのか？」のような表現が使われるからです。指示型フィードバックは扱いが大変です。悪くないアドバイスだったとしても、独断的な意見だったり、リサーチの目的とかけ離れていたりするからです。指示型フィードバックは「修正型」とも呼ばれます。フィードバックをする人が「間違った」方法を「正しい」方法にしたいと思っているからです。このフィードバックは評価的な性質を持っています。

フィードバックが指示型になると、2種類の結果が生まれます。まずは、指示を受け入れる結果です。もうひとつは、防御的になる結果です。どちらも危険です。指示型フィードバックを受け取ったら、質問を返しましょう。たとえば「ここはテキストボックスよりもドロップダウンしてはどうだろう？」というフィードバックを受けたら、「ありがとうございます。興味深いアイデアですね。それはオンボーディングの体験を向上させる目的とどのように関係していますか？」と質問を返すのです。そこから議論が起こり、目的までの進捗が明らかになるでしょう。

8.3.3 探究型フィードバック

探究型フィードバックとは、リサーチにおけるあなたの選択や解釈に質問を投げかけるものです。「批評型」とも呼ばれます。感嘆型や指示型のフィードバックを受けたときは、こちらから質問を返したくなりましたが、探究型フィードバックを受けたときは、こちらが前述の3つの質問をされる側になります。3つの質問とは「目的は何か？（フィードアップ）」「目的に向かってどのように進んでいるか？（フィードバック）」「次に何をすべきか？（フィードフォワード）」でした。質問が目的と一致していないときは「私た

ちのリサーチクエスチョンは……」「私たちの目的は……」のような表現を使い、そのことを明確に伝えましょう。フィードバックが役に立たないと思っても、まずは質問やフィードバックに合わせてください。

最近、C.トッドがMachineMetricsのチームと一緒に、工場のデータのレポート方法について、顧客のニーズを調べたことがありました。調査の結果、あらゆるレポート方法が求められていることがわかりました。顧客のビジネスはそれぞれ違います。MachineMetricsから提供できるデータは膨大でしたが、そのフォーマットは限定されていました。このことが多くの顧客の不満になっていました。そこで、顧客のデータ処理と意思決定の方法を理解することをリサーチの目的にしました。最初の内部フィードバックは指示型ばかりでした。顧客のデータに対するニーズを理解するものではなく、特定の機能の構築に関するものでした。周囲を巻き込むのに苦労しましたが、目的と合うようにフィードバックを調整していきました。その結果、チームは新しいレポート機能を構築し、大成功を収めることができました。

フィードバックを受け取ったら、リサーチクエスチョンに答えを出すまでの進捗を示す必要があります。そうすることで、近辺のステークホルダーだけでなく、さらに多くの人たちにリサーチ結果を知ってもらうことができます。

8.4　リサーチ結果を広く伝える

フィードバックを処理できたら、組織で共有しましょう。長文のレポートをメールで送信しないでください。大事なことなので何度も言っておきますが、長文のレポートを書いてはいけません。内部のステークホルダーと共有するには、概要だけをプレゼンして、詳細はリンク先を見てもらいましょう。あるいは、プロトタイプを使っている顧客の動画を見てもらいましょう。動画には顧客の意見も入れておきましょう。

8.5 リサーチ結果の保存とアーカイブ

　プライバシーの配慮、ハッキング、クラウドサービスの普及などにより、リサーチ資料の保存方法に悩むことがあります。昔は社内の誰もがアクセスできる（なのに誰も見向きもしない）キャビネットにファイリングして保存していましたが、もはやそのようなことはしたくありません。

　何でも「そのためのアプリが存在する」現代では、インサイトや資料をまとめて安全に保存できるクラウドベースのプラットフォームがいくつもあります。保存だけでなく、リサーチのプロジェクト管理にも使えます。

　このようなツールを使用しない場合は、チームのガイドラインを設定しましょう。MachineMetricsのC.トッドのチームでは、Zoom（リモートの場合）またはボイスレコーダー（対面の場合）で会議を記録して、安全性の高いクラウドベースのドライブフォルダーにファイルを保存しています。インサイトや文字起こしのデータもプロジェクトフォルダに一緒に保存しています。興味を持ってくれた人のために、プロジェクトを要約したファイルも用意しています。

8.6 行動してもらう

　リサーチは素晴らしいものですが、学んだことを行動に移せなければ意味がありません。ステークホルダーは仕事で忙しく、行動に移す時間はありません。あなたのリサーチがどのように役に立つのかを知ってもらう必要があります。そのことを明確にすれば、あなたのリサーチを活用してもらえるでしょう。ステークホルダーがリサーチの目的とそれがどのように役立つかを理解すれば、すばやく行動に移してくれるはずです。

8.7　重要なポイント

◎インスピレーションを受けた人たちは素晴らしい仕事をします。チーム
　にインスピレーションを与え、あなたのリサーチを行動に移してもらい
　ましょう。そうすれば、プロダクトリサーチを成功に導くことができま
　す。

◎ステークホルダーが理解しやすいように結果を共有しましょう。長いレ
　ポートは読んでもらえません。リサーチ結果をプレゼンテーションまた
　は物語のプロトタイプで提示しましょう。

◎フィードバックは贈り物です。感嘆型や指示型のフィードバックを受け
　入れましょう。それから、インサイトを目的に合わせ、目的までの進捗
　を示し、次のステップを明らかにできるように、探求型のフィードバッ
　クを引き出しましょう。

◎ステークホルダーにインサイトと次のステップを明確に伝えれば、行動
　に移してもらいやすくなります。

短期的にメリットを生み出しながら、
長期的にインサイトが手に入るように、
リサーチのバランスをとることが
できるでしょうか？

答えは、わかっていますよね？

第 **9** 章 | Rule 9.
リサーチの習慣が
プロダクトを作る

プロダクトリサーチのルールを学んだので、次はルールを守る方法を学びましょう。ベストプラクティスを取り入れるために、あなたとチームはどのように習慣を変えることができるでしょうか。本章では、プロダクトリサーチを会社の文化にすることを説明します。どのように習慣を身に付けるのか、どのようにリサーチの習慣を取り入れるのか、どのようにリサーチをソフトウェア開発と組み合わせるのかを見ていきます。また、実際のチームが大きな変化を迎えた事例を取り上げます。

9.1　リサーチの習慣のサイクルを作る

James Clear はベストセラー『Atomic Habits』(Random House Business)〔邦訳：『ジェームズ・クリアー式 複利で伸びる1つの習慣』ジェームズ・クリアー著、牛原眞弓訳、パンローリング株式会社、2019年〕のなかで、習慣を身に付ける4つのステップを紹介しています。それは「きっかけ」「欲求」「反応」「報酬」です。「きっかけ」とは引き金です。「欲求」とは原動力です。「反応」とは実際の行動です。「報酬」とは行動に対するごほうびです。

C.トッドは、この4つのステップを無意識に自分の生活に取り入れていました。彼が早朝にトレーニングを始めたとき、さすがに朝5時に起きるのはバカげていると思っていました。しかし、姉も身体を動かしたいというので、

一緒にジムに行くことになりました。その結果、習慣を身に付ける最も強力な方法がわかりました。それは「社交的なプレッシャーを追加する」ことでした。姉をがっかりさせたくなかったのです。習慣を身に付ける最も強力な力は、理性的なものではなく感情的なものです。彼の「きっかけ」は目覚まし時計でした。「欲求」は姉をがっかりさせたくないという気持ちでした。「反応」はジムで姉に会うことでした。「報酬」は姉と一緒にいる幸せな気持ちと、ワークアウトで負けられないというちょっとしたライバル心でした。これは数年前の話ですが、早朝のトレーニングは今でも習慣となっています。

　なぜうまくいったのでしょうか。4つの要素を取り入れることで、習慣が、その、何というか、習慣化されたのです。感情的な部分も含めて、このことはリサーチの習慣にも当てはまります。適切な「きっかけ」が見つかったら、関心のあるリサーチクエスチョンに答えたいという「欲求」を見つけることができます。リサーチクエスチョンに答えるために、適切な手法を駆使してリサーチするという「反応」をします。その「報酬」は、新しい可能性を開くインサイトです。

　Jeff VincentがAppcuesのプロダクトマネージャーだったとき、プロダクトリサーチの習慣を作るために、リードプロダクトデザイナーのTristan Howardと一緒に、以下のような「きっかけ」「欲求」「反応」「報酬」のサイクルを設定しました。

●きっかけ

　カレンダーを使って、毎月第3木曜日をリサーチの日に設定しました。チームメンバーのきっかけは、顧客がセッションにサインアップしたときに投稿されるSlackのメッセージにしました。

●欲求

　次の第3木曜日が来るまで、プロダクトチームは顧客のサインアップをSlackのチャンネルで確認できました。これが認知度の向上や話題性につながり、プロダクトチーム以外の「きっかけ」にもなりました。

●反応

チームは顧客とのやり取りを楽しんでおり、そこに関係者も巻き込みたいと考えました。そこで、セッションを配信することにより、社内の誰もが興味のあるセッションに参加できるようにしました。配信したセッションには、プロトタイプ、インタビュー、スケッチ、カードソーティングなどがあります。

●報酬

チームは顧客について多くのことを学びました。予想していたことがみんなの前で大きく外れて、自分たちで笑ってしまうこともありました。リサーチクエスチョンに少しずつ答えながら、価値のあるインサイトを手に入れていくことが重要です。

ここでも「社交的なプレッシャー」が取り入れられています。毎月のスケジュールを設定して、全社に公開することで、従うべき規範が作られました。規範を守っていなければ、同僚たちをがっかりさせてしまいます。また、リサーチのリズムを作るために、解決している問題とプロダクトの機能を全社に見せる「ショー・アンド・テル」の日を設定しました。毎月のリサーチの結果もここで共有しました。

JeffとTristanは、情報を全社で共有することを習慣にしました。これは賢いやり方です。成功を続けるためには重要なことです。顧客とのさまざまな接点を作ることが、組織全体の習慣になることを目指しています。

習慣を成功に変えるために必要なことがもうひとつあります。それは、チームで練習することです。1990年代のシカゴ・ブルズは、史上最も才能が集まったチームでした。その理由にはさまざまな説がありますが、そのいくつかを紹介しましょう。まず、マイケル・ジョーダン（MVP、オールスター出場、得点王がそれぞれ複数回ある偉大な選手）の存在です。NBAファイナルで優勝するまでに、ジョーダンはブルズで6シーズンをプレイしています。つまり、個人の力がどれだけ優れていても、それだけでは優勝できないのです。1989年、フィル・ジャクソンがヘッドコーチに就任しました。彼

はチームを重視する人物であり、ジョーダンに対しても個人的な追求ではなく、チームのレベルアップにフォーカスするように勧めました。

何の練習もせずに、ブルズが6回もNBAファイナルで優勝できたと思いますか。チームが会場にやって来てプレイしたら優勝した、なんてことがあると思いますか。類まれなる才能を持っていたとしても、練習しなければ優勝できません。プロダクト開発はチームスポーツです。プロダクトリサーチも同じです。

練習は「完璧にする」ことではありません。私たちは完璧ではありません。しかし、練習すれば**うまく**なります。それが重要です。あなたのチームはどうやって練習しますか。本書を読んだあとに、書いてあることをすべてを実行してくれたなら、こんなにうれしいことはありませんが、おそらくそれは無理でしょう。小さなステップで顧客に何度も試したほうが効果的です。9つのルールからひとつを選び、うまく適用できているかを確認しましょう。必要ならば調整を加えてください。適用できていることを確認したら、次のルールに移ります。それを9つのルールを網羅するまで続けます。

9.2　気前よく結果を共有する

プロダクトリサーチを成功させるには、組織が何を知っているかを把握する必要があります。共有の重要性については、第8章で説明しました。共有を習慣化するにはどうすればいいでしょうか。共有は組織の誰かの「きっかけ」になります。

リサーチが習慣になり、顧客やユーザーから学ぶことが文化になると、顧客やユーザーの問題を複数のチームで並行してリサーチするようになります。扱っている問題は重複することもあります。たとえば、あるチームがショッピングカートのユーザビリティ調査をしているときに、別のチームが料金設定に関する顧客フィードバックを調査していて、また別のチームが支払いフォームのエラーに関する使用状況データを調査していることもあります。

しかし、これらを同じ問題に結び付け、リサーチ結果を比較する人がいなければ、会社は大きな機会を逃していることになります。

　同じ問題に結び付けるには、2つの方法があります。ひとつは、大勢のリサーチャーを雇うことです。もうひとつは、リサーチを開始する前に他のリサーチ結果を参照することです。第3章でも説明したように、既存のリサーチはリサーチクエスチョンを作る上で最も価値のある資産です。

　他のリサーチ結果を参照するといっても、重複を感じたときにインサイトについて話し合うだけです。イギリスの食品配達プラットフォームであるJustEatのチームは、レストランの衛生状態の評価をアプリに表示するときに、お互いのインサイトを共有しました[1]。JustEatには、ユーザーリサーチチーム、データチーム、インサイトチームがあります。ユーザーリサーチチームは、レストランの衛生状態を知りたくないユーザーがいることを明らかにしました。データチームは、衛生状態の情報が公開されていると注文量が減少することを示しました。インサイトチームは、ユーザーが衛生状態を重要視していることをアンケート調査から発見しました。

　これらの結果を調整する人がいなければ、3つのインサイトが断片化されたまま、まったく違った意思決定につながっていたでしょう。最終的にJustEatでは、衛生状態の評価を公開したほうが、ユーザー、レストラン、会社のすべてが幸せになると結論づけました。お互いの結果を共有することで、問題を深く理解し、よく考えられたソリューションにたどり着くことができました。共同作業とは、組織が過去に学んだことを再学習する必要がないことを意味します。組織が共同作業を促進する構造を持つことで、このような取り組みがうまく習慣化されました。

　インサイトの共有をさらに一歩進めたければ、**リサーチリポジトリ**を用意

---

1 Mike Stevens, "How Leading Insight Teams Combine Research and Analytics 2: Just Eat," Insight Platforms, https://insightplatforms.com/leading-insight-teams-research-data-analytics-just-eat.

しましょう。リサーチリポジトリとは、これまでのリサーチのコレクションです。リサーチリポジトリには社内の誰でもアクセスできるようにします。その一部をオンラインで公開している企業もあります。リポジトリの形式は、共有ディレクトリを置くだけの簡単なものもあれば、独自に開発した複雑なものもあります[2]。高度な管理機能や検索機能のあるクラウドプラットフォームにインサイトを保存しているチームもあります。そのほうが独自に開発するよりも、開発や保守のコストを抑えられます[3]。

　共有はデジタルに制限する必要はありません。休憩時間やランチの時間を利用して、他のチームと情報交換しているチームもあります。情報共有のためのイベントを開催して、ユーザーから学んだことを話し合っているところもあります。こうしたやり取りは楽しいものであり、他の部門の人たちの考え方を知るのに役立ちます。もしかすると次のプロジェクトで協力をお願いすることになるかもしれませんよ。

9.3　他の人のプロダクトリサーチをサポートする

　会社が大きくなり、活動範囲が広がっていくと、リポジトリでは不十分になります。組織内のすべての人が利用できるように、リサーチを整理する必要があります。こうした分野は、**ResearchOps**と呼ばれます。ResearchOpsは、コミュニティが中心となり、誰でもリサーチができるようにする新しい取り組みです[4]。構造化された標準的なリサーチプロセスを提案しています。また、リサーチのインパクトを高めるために、組織が整えるべき役割、ツール、プロセスを提供しています。価値のあるインサイトをすべてのチームが手軽に入手できるように、データ、インサイト、リサーチの

2　WeWorkのPolarisとMicrosoftのHITSは、リサーチリポジトリの優れた例です。

3　本書の執筆時点では、リサーチリポジトリの機能がある有名なツールには、EnjoyHQ、Aurelius、Dovetail、Condensがあります。

4　ResearchOpsの兄弟にDesignOpsがあります。こちらは組織の全員がデザインできるようにする取り組みです。どちらもDevOpsに影響を受けています。DevOpsとは、さまざまなものを自動化することで、システムを作る人（開発者／Dev）とシステムを稼働させる人（運用者／Ops）の境界をなくす取り組みです。

情報の共有方法についても網羅しています（図9.1参照）。

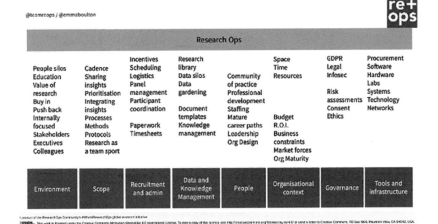

図9.1　ユーザーリサーチの8つの柱
（出典：ResearchOps Community、https://oreil.ly/dcH43）

　「ResearchOps」という名前のついた専門チームがある企業はまだわずか
ですが、世界中のチームがこのフレームワークを導入しています。こうした
チームは、リサーチの計画、参加者の発見、リサーチ予算の管理、適切なリ
サーチツールの使用、トレーニングやメンタリングの手配などの面で、他の
チームをサポートしています。

　提案されている役割、プロセス、ツールを見て、自分たちに合ったものを
選んでください。ただし、ResearchOpsはユーザーリサーチャーからの影響
が大きく、市場調査者からはあまり影響を受けていません。そのため、市場
の調査や分析を得意とする組織が導入するときには、調整が必要になるで
しょう。

9.4　アジャイルソフトウェア開発におけるリサーチ

　習慣を維持するには繰り返すことが重要です。繰り返すことを「きっかけ」
にすると、習慣が身に付く可能性が高くなります。繰り返しの例として、カ

レンダーを使用する話を紹介しましたが、デジタルプロダクトを開発するプラクティスには短期間にサイクルを繰り返すものがあります。**アジャイルソフトウェア開発**です。リサーチをアジャイルソフトウェア開発と組み合わせれば、リサーチを習慣化できるでしょう。

アジャイルはプロセスではありません。プロダクト開発の哲学であり、マインドセットです（第1章でも説明しました）。2001年のアジャイルソフトウェア開発宣言（http://agilemanifesto.org）では、ソフトウェア開発における4つの価値を定義しています。

- プロセスやツールよりも個人と対話を
- 包括的なドキュメントよりも動くソフトウェアを
- 契約交渉よりも顧客との協調を
- 計画に従うことよりも変化への対応を

4つの価値は現在でも有効であり、ソフトウェア開発以外の領域にも適用されています[5]。デジタルプロダクト開発の領域には、チームのアウトプットを最適化する最も一般的なアジャイルフレームワーク「スクラム」があります（図9.2参照）。スクラムには、一種の「プロセス」があります。これはチームの運営方法として確立されつつあります。スクラムにはリサーチの手順は定義されていませんが、スクラムは柔軟なので、プロダクトリサーチのプラクティスを組み合わせることができます。

プロダクトリサーチをスクラムと組み合わせるには2つの方法があります[6]。最も一般的なのは、リサーチで出てきた作業項目をバックログに追加する方法です。これは、**工場型アプローチ**と呼ばれます。作業項目をバックログに追加すれば、別のチームが開発してくれるからです。作業項目を追加

---

5 Steve Denningの『The Age of Agile』（Amaryllis Business）は、ITチームだけでなく、組織全体でアジャイルプラクティスを導入した企業の事例が満載の素晴らしい本です。
6 スクラムの用語に慣れていなければ、スクラムの用語集（https://oreil.ly/6Xi7E）を参照してください。アジャイルの用語については、アジャイルアライアンスの用語集（https://oreil.ly/OuJRq）を参照してください。

するだけなので、スケジュールを気にする必要もありません。これをウォーターフォールだと思ったあなたは「正解」です。

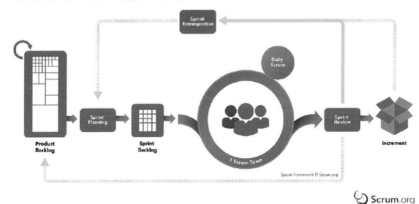

図9.2　スクラムフレームワーク（https://oreil.ly/nHc４eを許可を得て転載）

　チームが開発しているときには、プロダクトアナリティクスの結果を提供したり、ユーザーリサーチから顧客フィードバックを入手したり、それらをスクラムのイベントで提供したりすることになります。

　もうひとつは、同じチームで「発見」と「開発」を担当する方法です。これは、**プロダクト型アプローチ**と呼ばれます。チームの全員が「プロダクト」に触れるからです。これは、UXとプロダクトのメンバーが「発見」に取り組み、デザイナーとエンジニアが「開発」するという意味ではありません。エンジニアをリサーチに参加させるところが重要です[7]。多くの組織は、エンジニアに開発以外のことを担当させると、生産性が落ちることを恐れています。残念なことです。権限を与えられて、顧客に近づいたエンジニアは、プロダクトマネージャーやデザイナーと協力しながら、適切なソリューショ

7　また、プロダクトリサーチャーは技術的な実装を手伝うことを期待されています。必ずしもコードを書く必要はなく、ユーザーストーリーを書いたり、受け入れ基準を決めたり、手動テストを実行したりすることが求められています。

ンを効率的に開発してくれるでしょう。そのほうが、問題を明確に理解できるからです。プロダクトチーム全体が発見と開発の両方に参加すると、1990年代のシカゴ・ブルズのような高パフォーマンスのチームになります。

「工場型」と「プロダクト型」はどちらがよいでしょうか。どちらも素晴らしい結果を出しているチームを見たことがあります。ただし、私たちや同僚たちの経験からすると、プロダクト型に近い（役割の境界線が曖昧で、チーム全体で協力している）チームのほうが、仕事環境に満足しているようです。そして、それが成果物の品質や整合性に反映されています。

いずれにしても、開発に近づくと計画を変更することになります。「想像していたほど問題は深刻ではなかった」「重要なテーマを見逃していたことが判明した」「インサイトが明らかになり、あとでやろうとしていたことにすぐに取り掛かることになった」。これらはすべてうれしい変更です。思い込みが取り除かれ、価値と意義のある仕事に集中できるようになるでしょう。

リサーチからユーザーのニーズを学ぶことができます。スクラムでは、**プロダクトオーナー**が「顧客の声」として重要な役割を担います。多くのプロダクトリサーチチームは、プロダクトオーナーと話をするだけで、ユーザーのニーズを理解できると考えています。しかし、これではユーザーから学んだことにはなりません。プロダクトオーナーはユーザーではないからです。ユーザーと個人的なつながりを作るには、ユーザーと一緒に時間を過ごしたり、データを直接見たりする必要があります。

デザイナーやアナリストが顧客と直接やり取りをすることに対して、文句を言っているプロダクトオーナーがいるそうです。あなたがそのようなプロダクトオーナーであれば、関係者に謝罪して、二度とそのようなことをしないでください。そのようなプロダクトオーナーと一緒に働いているのであれば、スプリントレトロスペクティブで議題にしたり、「はじめに」や第1章で紹介した概念を説明したりしてください。

アジャイルのアプローチは、アウトプットの速度とリソースの使用効率を

最適化します。現代のようなワープスピード（超高速）の世界では、速度と効率が重要であることは間違いありません。「すばやく動いて破壊せよ」〔訳注：原文の「Move fast and break things」は、2014年にFacebookが社是としていた言葉〕の精神は魅力的な響きがありますが、うまく実行できずに、すべてが破壊されたままになりがちです。

　速度は重要ですが、すべての犠牲を払う必要はありません。だからといって、速度を犠牲にして、リサーチに時間をかけるべきだと言いたいわけでもありません。そうではなく、既存のワークフローにリサーチをうまく組み込みましょう。

9.5　リサーチ筋の強化

　リサーチ能力を伸ばすには、正式なトレーニングを受けて、本を読むことが出発点となります。本書を読んでくださって、本当にありがとうございます。本書のアイデアを適用できる機会があることを願っています。インストラクターができるのはそこまでです。基本を学んだら、さまざまな手法、コンテクスト、問題に触れて、リサーチスキルを高めていくことが重要です。

　そのためには、協力者の輪を広げることです。仲間が多様であれば、興味深い問題に関わることができます。あなたにとって新しい問題は、インサイトを生み出すマインドセットを高め、リサーチ手法を適用しながら新しいことを学べる絶好の機会です。これは双方向に効果があります。つまり、多くの協力者と一緒に仕事をすれば、お互いの学習方法を改善してくれるリサーチに触れることができるのです。

　農業技術メーカーのリサーチを担当するUXチームと話をしたときのことです。彼らは、予測と提案によって収穫量を高めるデジタルプラットフォームと、コンバインやトラクターなどの車両ソフトウェアに取り組んでいました。デジタルだけのプロダクトとは大きく違う領域です。農業の分野では、機能しなかったプロダクトを返品できません。作物を育てるチャンスは年に

　　　　　　　　9　｜　リサーチの習慣がプロダクトを作る

1回だけだからです。1年に3週間だけしか使わない車両もあります。そのようなプロダクトのエンゲージメントや定着をどのように改善できるでしょうか？　車両が作物を傷めないことを保証できるでしょうか？　予期しない被害を引き起こすことなく、新機能を追加できるでしょうか？

　ひとつのチームですべての課題に取り組むことは困難です。このUXチームは、共同作業から優れた体験を生み出せることを知っていました。これはソフトウェアのプロダクトだけでなく、物理的なプロダクトにも当てはまります。そこで、プロダクトマネジメント、顧客サポート、データ分析、品質保証・検証、安全保障、エンジニアリングのチームをリサーチに巻き込みました。そして、農家に優れた体験を提供するための複雑な要件を理解しようとしました。

　このリサーチは、実際のユーザー、潜在的な顧客、営業担当者に対するリサーチの上に成り立っています。ユーザーがプロダクトをどのように使用しているか、どのように感じているか、長期的にどのような影響があるかを理解することは、市場での成功には不可欠です。彼らのオープンで協力的なアプローチにより、そのことを全員が思い出すことができました。

　リサーチスキルを高めるもうひとつの方法は、外部のリサーチ会社と協力することです。リサーチ会社には、さまざまなリサーチ手法に精通したリサーチャーがいます。彼らは、あなたの会社のことはわからないかもしれませんが、あなたが学びたい手法については**熟知**しています。彼らとチームを組み、**一緒に**リサーチに取り組んで、知りたい手法を学びましょう。ただし、リサーチを完全に外注しないでください。それではリサーチスキルを学ぶことができません。**絶対**に外注してはいけないわけではありません。しかし、リサーチスキルを高めたいと思うなら、リサーチ会社に任せるのではなく、一緒に協力しましょう。Jared Spoolがツイートしているように、「ユーザーリサーチの外注は、休暇を外注するようなものです。仕事は終わるかもしれ

ませんが、期待した効果は得られないでしょう*8」。

　最後に、リサーチ手法を身に付けるときには、新しい手法を試したいという気持ちに注意してください。好奇心は素晴らしいですが、優れたプロダクトリサーチは手法から始まるわけではありません。「問い」から始まることを忘れないでください。

9.6　リサーチを習慣にしたチーム

　本書のルールを実践しているチームの話を集めました。

9.6.1　専門チームがユーザーリサーチを担当した事例

　Zalandoはドイツを拠点とするヨーロッパの大手EC企業です。ファッション、ロジスティクス、広告のデジタルソリューションを中心にさまざまなビジネスを展開しています。権限を与えられた100を超えるチームが、結果を出すために独自に行動する起業家的アプローチをとっています。また、ユーザーリサーチの専門チームや顧客満足チームと協力して、顧客ニーズについて学んでいます。

　権力を集中させると、勢力争いが発生する可能性があります。専門チームが厳格な標準を発令し、自分勝手に振る舞うようになるのです。しかし、Zalandoの専門チームは違います。このチームには15人のリサーチャーがいて、時間の約40％を高度なリサーチと分析のスキルが求められる戦略的リサーチに費やしています。残りの時間については、プロダクトチームのリサーチのサポートに費やしています。

---

8 Jared Spool (@jmspool), Twitter, February 20, 2019, https://twitter.com/jmspool/status/1098089993174568960.

プロダクトチームをサポートするために、トレーニングプログラムをカスタマイズしたり、ヒューリスティックおよび手続き的なチェックリストを提供したり、リサーチ計画に利用できるオフィスアワーを設けたりしています。また、「UXカルーセル」と呼ばれるプログラムも提供しています。このプログラムでは、プロダクトチームが利用できるように、毎週30分3コマのユーザーセッションを用意しています。Zalandoの専門チームは、ユーザーの募集、スクリーニング、スケジューリングの作業をすべて引き取ることで、プロダクトマネージャーやデザイナーたちがユーザーに対して何度もリサーチできるようにしているのです。

また、専門チームは大規模なリサーチで作成したペルソナやジャーニーマップを共有しています。ペルソナは一般的な顧客の懸念や動機を表しています。こうしたツールの存在により、日常的な会話や戦略に強い顧客意識が生まれます。また、プロダクトチーム同士で強い連携が生まれます。

Zalandoのアプローチは、プロダクトデザイナーはユーザーリサーチができないという説に挑戦するものです。専門チームがトレーニングしているのは、プロダクトデザイナーが最も多いそうです。プロダクトマネージャー、プロジェクトマネージャーがそれに続きます。Zalandoと関連会社は、数百人ものリサーチャーを雇うことなく、継続的にリサーチを実行しています。

9.6.2　市場調査、ユーザーリサーチ、アナリティクスの　　　　チームを統合した事例

オンライン旅行ビジネスは大変です。顧客に快適な体験を提供するためなら何でもやろうとします。ある主要な旅行サイトは、市場調査、ユーザーリサーチ、アナリティクスのチームをひとつに統合して、顧客インサイトに取り組んでいます。

リサーチチームは2種類の活動に取り組んでいます。1つ目の活動は、**基礎リサーチ**です。特定のセグメントの顧客の期待を学んだり、宿泊業界がどこへ向かっているかを調査したりするなど、戦略的なビジネスインパクトを

与える幅広い質問に答えるものです。基礎リサーチには、ユーザーの深いニーズの調査、使用状況の解明、動機の理解などが含まれます。こうしたプロジェクトには、高度なリサーチプラクティスの理解が求められます。ユーザビリティやデジタル体験を超えた広範囲に適用可能なインサイトを生み出せる、多文化型の混合研究法を実行する必要があるからです。

2つ目の活動は、プロダクトチームがユーザーや顧客と話ができるようにサポートすることです。ユーザーリサーチの基本とプロダクト開発における使い方を説明したプレイブックを提供しています。プロダクトチームはこのプレイブックを見ながら、ユーザーにインタビューしたり、基本的なユーザビリティ調査を実施したりすることができます。

多くのチームはスクラムを使用しているため、調査に費やせる時間に制限があります。そのため、リサーチチームが、ユーザビリティ調査、インターセプト調査、メール調査、質問の作成や分析をサポートしています。すべてのチームのリサーチをレビューしているので、リサーチチームがリサーチしなくても、繰り返し発生するテーマを発見できます。発見したテーマはリポジトリに追加しているので、社内の全員が閲覧できます。

リサーチチームは、データとマーケティングの交差点に立ちながら、うまくインサイトに到達しています。プロダクトチームのリサーチをサポートすることで、こうした動きを広げることができました。

9.6.3 リサーチを習慣化した事例

昔ながらの組織では、リサーチャーは内部コンサルタントのように振る舞います。チームの代わりにリサーチを行うのです。リサーチャーは中央の組織に所属しているので、リサーチが必要なチームに「貸し出され」ます。貸し出されたリサーチャーは、リサーチを計画して、実行して、結果をチームと共有して、すべてが終わったら、中央の組織に戻ります。そして、次のプロジェクトの出番を待つのです。リサーチャーは専門家であり、必要に応じて行ったり来たりするわけです。

ある音楽ストリーミングの会社では、リサーチを習慣化するためにリサーチャーの役割を再定義しました。そのためにリサーチを「基礎リサーチ」と「評価リサーチ」の2つのカテゴリーに分けました。

　基礎リサーチでは、リサーチャーは専門家の役割を果たします。リサーチを計画して、実行して、戦略的インサイトをメンバーと共有します。

　評価リサーチでは、ユーザーの課題を学ぶことを目的とします。リサーチの計画と実行は、プロダクトデザイナーが担当します。リサーチャーはプロダクトデザイナーをサポートしながら、プロダクトチームが手法的な誤りを回避できるようにメンターとして振る舞います。

　プロダクトチームが自分たちでリサーチできるように、リサーチャーは計画・実行・分析の基本を一緒にやりながら教えています。ユーザーインタビュー、アンケート調査、リモートのユーザビリティ調査の基本的なスキルについても、実際にやりながら教えています。ユーザーから直接学ぶことに興味のある人なら誰でもスキルを身に付けられるように、会社のハッカソンで教育用のセッションも主催しています。

　この会社では、リサーチをリサーチャーだけの特別なものとせず、ユーザーから学ぶことを全員の責任としました。そして、リサーチャーは、それを実現するための専門家、メンター、品質管理者となりました。

9.6.4　組織でリサーチクエスチョンを作った事例

　直感を問題として洗練させ、リサーチクエスチョンを発見するまでが難しいこともあります。通常であれば、リサーチクエスチョンの候補は少なく、すぐに絞り込むことができます。しかし、複雑な分野の場合、複数の視点を組み合わせることになるでしょう（第3章参照）。経験豊富なチームでは問題ないかもしれませんが、経験の浅いチームには大きなハードルになる可能性があります。そして、みなさんの同僚は経験の浅い人がほとんどでしょう。リサーチクエスチョンを発見することが困難であれば、リサーチを習慣にす

ることも困難です。何かできることはあるでしょうか。

　あるEC企業のチームでは、年に1回大規模な顧客アンケート調査を実施
しています。そこで得られたインサイトを会社の年間目標に当てはめてから、
データと解釈をプロダクトチームに渡しています。各チームはそれらに目を
通し、探求したいリサーチクエスチョンを作ります。情報を共有することで、
関連性のあるリサーチクエスチョンを簡単に作れるようになりました。プロ
ダクトチームはそこからいくつもの小さなリサーチを生み出します。その後、
プロダクトリサーチは継続的な活動になりました。

　つまり、リサーチごとに新規にリサーチクエスチョンを作る必要はないと
いうことです。自分でリサーチクエスチョンを見つけられなくても問題あり
ません。過去のリサーチクエスチョンを使っても問題ありません。リサーチ
が習慣化されていれば、顧客のことを理解できるようになっているわけです
から、新しいインサイトに反応したり、異なる方向に進んだりすることもで
きるはずです。

9.6.5　一人のリサーチチームがインパクトを与えた事例

　金融業界の企業は量的データの収集と理解については経験が豊富です。し
かし、第7章で学んだように、量的データだけではプロダクトは成功できま
せん。ある有名な金融アプリに取り組んでいるチームが、質的手法と量的手
法の両方に精通したリサーチャーとしてEndetを採用しました。

　最初のリサーチャーになるのは大変です。しかも金融アプリに取り組む国
際的な分散チームのリサーチャーです。どれだけ経験があっても、一人で対
応できるはずがありません。しかし、Endetは一人でリサーチを広げる必要
がありました。そこで、彼女はリサーチプロセスを公開し、周囲にサポート
を呼びかけることにしました。

　「私はキッチンをオープンにしたのです」と、Endetは言います。彼女は
さまざまなチームに会いに行きました。そして、自分が何をやっているのか、

それがチームの目的の達成にどのように貢献できるのかを説明しました。ユーザーについて何を知りたいのかと質問しました。リサーチクエスチョンを探す方法を時間をかけて説明しました。チームが知りたいことがわかったら、一緒にリサーチ手法を選択して、一緒にリサーチ計画を立てました。また、誰と話をしたいのか、どうすれば会えるのかを一緒に考えました。インタビューの準備のために、フィールドガイドの作成も手伝いました。コンセプト調査では、デザイナーと協力して、ユーザーからフィードバックを引き出せるようなバランスのとれたコンセプトを作成しました。

　Endetはフィールドに出かけることの効果を知っていました。最初のうちはリサーチに慣れていないチームがユーザーの家に行くのをためらっていたので、オフィスでリサーチをすることにしました。その後、ユーザーとのやり取りから驚くべきインサイトが得られたことがきっかけとなり、チームの心の準備ができました。そして、チームから実際のユーザーの使い方を知りたいと思うようになりました。COVID-19によってリサーチをリモートに切り替えたときも、すでにリサーチを共有していたので、チームのつながりを維持できました。

　Endetはユーザーから学ぶことの重要性を示しました。また、彼女のオープンで包摂的なアプローチにより、デザイナー、エンジニア、プロダクトマネージャー、さらには経営幹部まで、リサーチに参加するようになりました。Endetの話は、たった一人でも正しい態度を持ち、リサーチの計画や実行をサポートしていれば、組織にリサーチの能力をもたらすことができることを示しています。

9.7　次に何をすべきか?

　さて、私たちとの旅も終わりに近づきました。

　最後の章では、ユーザーから継続的に学ぶ方法を説明しました。「きっかけ」「欲求」「反応」「報酬」のサイクルで、習慣が身に付きやすくなることを

説明しました。習慣を身に付けたチームは、繰り返し練習していること、社交的なプレッシャーを持っていることを説明しました。アジャイル開発とリサーチを組み合わせることを説明しました。スクラムチームと連携する2つのアプローチ（工場型とプロダクト型）を説明しました。また、スクラムのイベントでインサイトを提供したり、リサーチ計画を開始したりすることを説明しました。経験豊富なリサーチャーから直接学ぶことについても説明しました。

リサーチを習慣にすると、アプローチの変化に気づくでしょう。質問を洗練させたり、参加者を募集したり、手法を選択したりする時間が短縮されます。リサーチの準備が自然になっていきます。プロダクトリサーチが習慣になれば、毎回新しいリサーチクエスチョンを見つけるのに時間をかける必要はありません。リサーチ結果を見て、足りない部分に気づき、再度サイクルを回すことができるようになります。

さまざまな部門や領域の人たちと協力して、データを分析したり理解したりできるようになります。「データを見ること」と「ユーザーから直接学ぶためにフィールドに行くこと」を簡単に切り替えられるようになります。事前のリサーチを最小限にして、何かを構築して、その経験から何かを学ぶこともあるでしょう。短期的に小さなメリットを生み出しながら、長期的に重要なインサイトが手に入るように、リサーチのバランスをとることもできるようになります。

継続していけば、リサーチはうまくなります。アスリートのように、うまくなるには練習が必要です。コーチの存在も重要です。プロダクトリサーチは、いつでも、どこにいても、うまくなります。

私たちも、ワークショップに参加したり、コーチを雇ったり、自分たちのアプローチについて指導を受けたりするなど、常にスキルの向上に取り組んでいます（もちろん本の執筆も含まれます）。

プロダクトリサーチを習慣化するために、私たちがひとつアドバイスでき

るとしたら、「好奇心を持ち、謙虚でいましょう」。エゴを忘れて、偽りのない質問をしましょう。そうすれば、インサイトが明らかになり、顧客に継続的に価値を提供できるはずです。

　私たちのルールを楽しんでいただけたでしょうか。あらためてご紹介します。あなたは9つのルールを手に入れたのです！

ルール1：恐れることなく間違える準備をする

ルール2：誰もがみんなバイアスを持っている

ルール3：優れたインサイトは問いから始まる

ルール4：計画があればリサーチはうまくいく

ルール5：インタビューは基本的スキルである

ルール6：会話ではうまくいかないときもある

ルール7：チームで分析すれば共に成長できる

ルール8：インサイトは共有すべきものである

ルール9：リサーチの習慣がプロダクトを作る

著者紹介

C. トッド・ロンバード

科学とエンジニアリングを学び、これまでに科学者、エンジニア、デザイナー、大学教員、そしてもちろんプロダクトマネージャーとして働いた経験がある。ProductCamp Bostonの設立者であり、現在はボストンを拠点とする産業用IoT SaaSプラットフォーム MachineMetrics において、プロダクト、デザイン、データサイエンスのチームをリードしている。また、マドリードのIEビジネススクールとボルチモアのメリーランドインスティチュートカレッジオブアートで非常勤講師を務めている。O'Reilly Mediaから出版された著書に『Design Sprint』（2015年）と『Product Roadmaps Relaunched』（2017年）がある。

アラス・ビルゲン

プロダクト開発において、デザイナー、プロダクトチーム、経営幹部が人間中心のアプローチを使用することをサポートしている。Garanti BBVAでは、エクスペリエンスデザインとフロントエンド開発チームをリードしていた。Lolafloraと Monitiseでは、デジタルプロダクトチームをマネジメントしていた。Intelでは、UXプランナーを務めていた。現在、カディルハス大学とメディポール大学でエクスペリエンスデザインのコースを教えている。これまでに彼が手がけたプロダクトは、全世界で1億6000万人以上のユーザーに利用されている。

マイケル・コナーズ

さまざまな種類のデジタルおよび印刷物のデザイナーとしてキャリアを積んできた。美術家としての教育を受けており、絵画の修士号を取得している。現在は、ボストンを拠点とする開発デザイン会社のデザインディレクターとして、大手からスタートアップまで、あらゆる企業のデジタルプロダクトを手がけている。また、マドリードのIEビジネススクールで非常勤教授を務めている。これまでにも高等教育機関で非常勤のデザイン講師を務めた経験がある。フロリダ在住であり、機会があればパティオ（中庭）を楽しんでいる。

訳者あとがき

—— 角 征典

　本書は、"Lombardo, C., & Bilgen, A. (2020). *Product Research Rules: Nine Foundational Rules for Product Teams to Run Accurate Research That Delivers Actionable Insight.* Oreilly & Associates Inc." の全訳です。ただし、説明が冗長な部分については、意味を大きく変えない程度に簡潔な表現に変えています。

　本書のテーマは、タイトルにもあるように「プロダクトリサーチ」です。プロダクトリサーチとは、本書の定義によれば、「ユーザーリサーチ」「市場調査」「プロダクトアナリティクス」の3つの領域を活用しながら、適切なタイミングで継続的にインサイト（価値のある情報）を手に入れるためのアプローチです（「はじめに」参照）。これら3つの領域の使いどころは、プロダクト開発の「ステージ」と「理解したいこと」によって決まります（第4章参照）。表4.1を見るとわかりますが、ステージが進み、ある程度データが集まるまでは、質的なユーザーリサーチが中心になります。そして、本書が主に扱っている領域もユーザーリサーチです。つまり、本書のテーマはプロダクトリサーチではなく「ユーザーリサーチ」なのです。

　それなら『ユーザーリサーチ・ルールズ』でいいじゃないかと思われたかもしれません。正直、私もそう思います。ただ、あえて著者たちの肩を持つとしたら、あくまでも「プロダクト」のためのリサーチである、という思いがあるのでしょう。実際、UXリサーチャーのプロジェクトは長すぎる（第1章参照）、すべてが時間のムダである（第3章参照）、コンテクストを無視

した「象牙の塔の分析」である（第7章参照）など、プロダクトチームが関与していないリサーチを繰り返し批判しています。

このような現象が起きているのは、ユーザーリサーチやUXデザイン、さらにはデザイン思考やリーンスタートアップなども含めて、ユーザーの声に耳を傾けたり、ユーザーに共感したりする手法が、世の中で「流行っちゃった」からでしょう。それらが専門分野として確立され、専門家が育った結果、プロダクトチームとの間に断絶が起きているのです。リサーチそのものを否定しているわけではありません。むしろリサーチには価値があるのだから、専門家だけに任せるべきではない、というのが著者たちの主張です。同様に、UXリサーチャーなどの専門家の存在も否定していません。本書では、専門家として複数のプロダクトチームを横断的に支援するなど、さまざまな関わり方が事例として紹介されています。

プロダクトチームの側にも原因があります。ユーザーリサーチは難しそうだし、資格を持っているわけでもないからと、別のチームや他の会社に全面的に放り投げているのです。そうすると、受け取った長文のレポートを読む羽目になり（第8章参照）、プロダクト開発は工場型（第9章参照）になり、言われたものを淡々と作るだけの退屈な作業に成り下がってしまいます。反対に、リサーチの重要性を理解しないまま安易に考えて、自分たちで適当にやろうとするチームもあります。しかし、カフェで知人にランダムな質問をすることを「リサーチ」とは呼びません（第5章参照）。

こうした問題を解消するために「プロダクトリサーチ」が存在します。そして、プロダクトリサーチに使える9つのルールが本書では提案されています（余談ですが、すべてのルールの文字数を統一してスッキリさせてみました！）。

ルール1：恐れることなく間違える準備をする
ルール2：誰もがみんなバイアスを持っている
ルール3：優れたインサイトは問いから始まる
ルール4：計画があればリサーチはうまくいく

ルール5：インタビューは基本的スキルである
ルール6：会話ではうまくいかないときもある
ルール7：チームで分析すれば共に成長できる
ルール8：インサイトは共有すべきものである
ルール9：リサーチの習慣がプロダクトを作る

　ルールは章に対応していますので、気になった章から読み進めてください。

　また、文中にはさまざまな参照URLが登場します。キーボードで打ち直すのはあまりにも大変ですので、URLの一覧ページを用意しました。ご活用ください。

　　　https://bit.ly/3Gi7K8V

　ユーザーリサーチ以外の2つの領域については、本書では説明が足りないため、参考図書を紹介しておきます。「市場調査」については、マーケティングやデータ分析の分野も含めると参考にできる書籍が多く、選ぶのが難しいところですが、質的調査と量的調査の両方を扱っている『マーケティング・リサーチ入門』（星野崇宏、上田雅夫著、有斐閣、2018年）から読み始めるのがよいと思います。「プロダクトアナリティクス」については、拙訳で恐縮ですが『Lean Analytics──スタートアップのためのデータ解析と活用法』（アリステア・クロール、ベンジャミン・ヨスコビッツ著、オライリージャパン、2015年）が参考になると思います。

　それでは、みなさんのプロダクトリサーチが成功しますように！

　最後になりますが、原書について「これよさそう」と感想を書いたツイートを見つけて、今回声をかけてくださった、BNN編集者の村田純一さんと、帯を書いていただいた馬田隆明さんに感謝します。ありがとうございました。Twitterに書いてみるものですね。

訳者紹介

角 征典（かど・まさのり）

ワイクル株式会社 代表取締役。東京工業大学 環境・社会理工学院特任講師。
アジャイル開発やリーンスタートアップに関する書籍の翻訳を数多く担当し、それらの手法のコンサルティングに従事。
主な訳書に『リーダブルコード』『Running Lean』『Team Geek』（オライリー・ジャパン）、『エクストリームプログラミング』『アジャイルレトロスペクティブズ』（オーム社）、共著書に『エンジニアのためのデザイン思考入門』（翔泳社）がある。

訳者あとがき

プロダクトリサーチ・ルールズ
製品開発を成功させるリサーチと9つのルール

2022 年 3 月 15 日　初版第 1 刷発行

著者	アラス・ビルゲン、C.トッド・ロンバード、マイケル・コナーズ
翻訳	角征典

発行人	上原哲郎
発行所	株式会社ビー・エヌ・エヌ
	〒 150-0022
	東京都渋谷区恵比寿南一丁目 20 番 6 号
	Fax: 03-5725-1511
	E-mail: info@bnn.co.jp
	www.bnn.co.jp

印刷・製本	シナノ印刷株式会社

版権コーディネート	株式会社日本ユニ・エージェンシー
日本語版デザイン	駒井和彬（こまゐ図考室）
編集	村田純一、河野和史

ISBN978-4-8025-1234-3
Printed in Japan